歯科衛生学シリーズ

化学

一般社団法人
全国歯科衛生士教育協議会　監修

医歯薬出版株式会社

●執　筆（執筆順　*執筆者代表）

鶴房　繁和*　　元朝日大学歯学部教授
柴田　潔　　　元日本歯科大学東京短期大学教授
来住　準一　　愛知学院大学教養部非常勤講師
三浦　直　　　東京歯科大学准教授

●編　集

矢尾　和彦　　元大阪歯科大学歯科衛生士専門学校校長
高阪　利美　　愛知学院大学特任教授
合場千佳子　　日本歯科大学東京短期大学教授

This book is originally published in Japanese
under the title of :

SHIKAEISEIGAKU-SHIRĪZU
KAGAKU
(The Science of Dental Hygiene : A Series of Textbooks—Chemistry)
Edited by The Japan Association for Dental Hygienist Education

© 2023 1st ed.

ISHIYAKU PUBLISHERS, INC
　7-10, Honkomagome 1 chome, Bunkyo-ku,
　Tokyo 113-8612, Japan

『歯科衛生学シリーズ』の誕生

　全国歯科衛生士教育協議会が監修を行ってきた歯科衛生士養成のための教科書のタイトルを，従来の『最新歯科衛生士教本』から『歯科衛生学シリーズ』に変更させていただくことになりました．2022年度は新たに改訂された教科書2点を，2023年度からはすべての教科書のタイトルを『歯科衛生学シリーズ』とさせていただきます．

　全衛協が監修及び編集を行ってきた教科書としては，『歯科衛生士教本』，『新歯科衛生士教本』，『最新歯科衛生士教本』があり，その時代にあわせて改訂・発刊をしてきました．しかし，これまでの『歯科衛生士教本』には「歯科衛生士」という職種名がついていたため，医療他職種からは職業としての「業務マニュアル」を彷彿させると，たびたび指摘されてきました．さらに，一部の歯科医師からは歯科衛生士の教育に学問は必要ないという誤解を生む素地にもなっていたようです．『歯科衛生学シリーズ』というタイトルには，このような指摘・誤解に応えるとともに学問としての【歯科衛生学】を示す目的もあるのです．

　『歯科衛生学シリーズ』誕生の背景には，全国歯科衛生士教育協議会の2021年5月の総会で承認された「歯科衛生学の体系化」という歯科衛生士の教育および業務に関する大きな改革案の公開があります．この報告では，「口腔の健康を通して全身の健康の維持・増進をはかり，生活の質の向上に資するためのもの」を「歯科衛生」と定義し，この「歯科衛生」を理論と実践の両面から探求する学問が【歯科衛生学】であるとしました．【歯科衛生学】は基礎歯科衛生学・臨床歯科衛生学・社会歯科衛生学の3つの分野から構成されるとしています．また，令和4年には歯科衛生士国家試験出題基準も改定されたことから，各分野の新しい『歯科衛生学シリーズ』の教科書の編集を順次進めております．

　教育年限が3年以上に引き上げられて，短期大学や4年制大学も2桁の数に増加し，「日本歯科衛生教育学会」など【歯科衛生学】の教育に関連する学会も設立され，【歯科衛生学】の体系化も提案された今，自分自身の知識や経験が整理され，視野の広がりは臨床上の疑問を解くための指針ともなり，自分が実践してきた歯科保健・医療・福祉の正当性を検証することも可能となります．日常の身近な問題を見つけ，科学的思考によって自ら問題を解決する能力を養い，歯科衛生業務を展開していくことが令和の時代に求められています．

2023年1月

一般社団法人　全国歯科衛生士教育協議会理事長

眞木吉信

最新歯科衛生士教本の監修にあたって

　歯科衛生士教育は，昭和24年に始まり，60年近くが経過しました．この間，歯科保健に対する社会的ニーズの高まりや歯科医学・医療の発展に伴い，歯科衛生士教育にも質的・量的な充実が叫ばれ，法制上の整備や改正が行われてきました．平成17年4月からは，高齢化の進展，医療の高度化・専門化などの環境変化に伴い，引き続いて歯科衛生士の資質の向上をはかることを目的とし，修業年限が3年以上となります．

　21世紀を担っていく歯科衛生士には，これまで以上にさまざまな課題が課せられております．高齢化の進展により生活習慣病を有した患者さんが多くなり，現場で活躍していくためには，手技の習得はもちろんのこと，患者さんの全身状態をよく知り口腔との関係を考慮しながら対応していく必要があります．また，一人の患者さんにはいろいろな人々が関わっており，これらの人々と連携し，患者さんにとってよりよい支援ができるような歯科衛生士としての視点と能力が求められています．そのためには，まず業務の基盤となる知識を整えることが基本となります．

　全国歯科衛生士教育協議会は，こうした社会的要請に対応するべく，歯科衛生士教育の問題を研究・協議し，教育の向上と充実をはかって参りました．活動の一環として，昭和42年には多くの関係者が築いてこられた教育内容を基に「歯科衛生士教本」，平成3年には「新歯科衛生士教本」を編集いたしました．そして，今回，「最新歯科衛生士教本」を監修いたしました．本最新シリーズは，「歯科衛生士の資質向上に関する検討会」で提示された内容をふまえ，今後の社会的要請に応えられる歯科衛生士を養成するために構成，編集されております．また，全国の歯科大学や歯学部，歯科衛生士養成施設，関係諸機関で第一線で活躍されている先生方がご執筆されており，内容も歯科衛生士を目指す学生諸君ができるだけ理解しやすいよう，平易に記載するなどの配慮がなされております．

　本協議会としては，今後，これからの時代の要請により誕生した教本として本最新シリーズが教育の場で十分に活用され，わが国の歯科保健の向上・発展に大いに寄与することを期待しております．

　終わりに本シリーズの監修にあたり，種々のご助言とご支援をいただいた先生方，ならびに全国の歯科衛生士養成施設の関係者に，心より厚く御礼申し上げます．

2007年1月

全国歯科衛生士教育協議会　会長　櫻井善忠

発刊の辞

・・・

　近年，国民の健康に対する関心が高まるとともに，高齢者や要介護者の増加によって歯科医療サービスにおける歯科衛生士の役割が大きく変化してきました．そのため，歯科衛生士は口腔の保健を担う者として，これまでにも増して広い知識と高度な技能が求められるようになり，歯科医学の進歩や社会の変化に即した教育が必要になりました．

　歯科衛生士養成教育は，このような社会の要請に応じるために平成17年4月，歯科衛生士学校養成所指定規則が一部改正されて教育内容の見直しと修業年限の延長が図られ，原則として平成22年までにすべての養成機関が3年以上の教育をすることになりました．

　このような状況の下に発刊された最新歯科衛生士教本シリーズでは，基礎分野の教本として生物学，化学，英語，心理学をとりあげました．これらは，従来の歯科衛生士教本シリーズの中でも発刊していましたが，今回の最新シリーズの発刊にあたり，目次立てから新たに編纂しました．とくに生物と化学は，医療関係職種に共通する科学の基礎知識を系統的に学習できるように，高校の初歩レベルから専門基礎分野で学ぶ生化学，生理学などにつながる内容を網羅しています．

　英語は，歯科診療室における様々な場面を想定した会話文をベースに，練習問題や単語，リーディングテキストを豊富にとりあげ，教育目標のレベルに応じて幅広い授業展開ができるように心掛けました．

　また，心理学では，一般的な心理学の知識はもちろん，歯科衛生士が患者との信頼関係に基づく医療サービスを提供する能力および歯科医師や他の医療職種の人たちと円滑な人間関係を保つ能力を修得するための基盤となる内容を併せもつ教本としました．

　これらの教本がテキストとしてだけでなく，卒業後も座右の書として活用されることを期待しています．

2007年1月

最新歯科衛生士教本編集委員

可児　徳子　矢尾　和彦　松井　恭平　眞木　吉信

高阪　利美　合場千佳子　白鳥たかみ

執筆の序

　歯科衛生士教育が，3年制に移行しつつあるこの時期に「歯科衛生士教本」の改訂がなされることは，意義のあることである．「ゆとり教育」の弊害は，中学，高校教育において，その基礎学力の低下という深刻な問題を引き起こしているようである．目先の必要最小限の知識のみを詰め込む教育は，将来どのような専門分野で活躍する学生にとっても，飛躍の礎を取り去るようなものである．歯科衛生士教育においては，歯科医師と同様，理科の基礎知識は必要不可欠である．しかし，このような状況下，現実には中学レベルの基礎知識も十分満たしていない学生も多数居るにも関わらず，講義時間数の制約から，平易に効率よく教育することが求められている．

　化学は，物質の性質，構造，変化に関する学問である．歯科衛生士は，まさに医療の現場で種々雑多な歯科材料などの物質を扱う立場にあり，化学の基礎知識が必要不可欠である．そこで，本書「化学」では，第1章「物質とは何だろう」で基本的な物質の本性について学び，第2章，第3章では「気体」，「水溶液」に関して学習する．また，第4章，第5章では酸化還元反応を含めた「化学反応」に関して基本的事項を中心に解説をした．さらに，第6章では，「有機化合物とは何だろう」と題して，有機化合物の基本的な構造や性質について，いままで化学を学習してこなかった学生に対しても平易に理解できるように解説をした．最終章では，人体をはじめとした生体を形成している化学物質に関して，わかり易く解説した．

　本書全体として，以上の内容を，図表を多用しながら平易に解説したが，中高レベル以上の内容も含んでいるので，本書すべてを時間内（30時間）で消化することは困難であると推察される．したがって，担当教員の判断でその内容に濃淡をつけるか，割愛していただく必要があると思われる．なお，本書は，随所に「歯科医学」と化学の関連を認識させるためにコラムを配置し，章末には知識の確認のための問題を掲載し，絶えず学生のモチベ−ションを保つように工夫をした．

　本書が，歯科衛生士専門教科を学習する上で，その理解を助け，学習意欲の向上につながれば幸いである．

　2007年1月

執筆者代表　鶴房繁和

4 章　酸化とは，還元とは

5 章　化学反応では原子の組換えが起こっている

6 章　有機化合物とは何だろう

7章　ヒトをつくっているものは何だろう

コラム

執 筆 分 担

1章・4章················鶴房繁和

2章・6章················柴田 潔

3章・5章················来住準一

7章························三浦 直

物質とは何だろう

物質とは何だろう

人間の体はもちろんのこと，空気や目に見えるものすべて，その姿形は異なっていてもすべて "物質（Substance）" として定義されている．すなわち，有限の質量と体積をもったものが "物質" である．その物質は多種多様な形態や性質をもつが，化学では，それらの物質のどんな微小部分をとっても均質であるとみなしているので，単位としての原子や分子は，物質とは考えていない．とはいえ，物質の構成要素である原子，分子に関する知識なくしては，物質の本質を理解できない．

そこで本章では，物質を構成する基本粒子である原子，分子の本質から学習し，物質の成り立ちを理解する．

1　物質の分類

到達目標
1　「元素」と「原子」の概念を説明し，主な元素記号を書く．
2　具体例をあげ，「混合物」と「純物質」を区別する．
3　「化合物」と「単体」の定義を理解し，具体例を示す．

1. 混合物と純物質

自然界に存在する物質，たとえば，空気，海水，岩石，土などは，2種類以上の物質が混ざりあっている．空気は窒素，酸素，アルゴンなどが混ざりあっているし，海水は塩化ナトリウムや硫酸マグネシウムなどが水に溶けている．これらの物質は，肉眼では均一な気体や液体であるが，混ざりあっている物質の沸点，融点，密度，溶解性などの差を利用して，それぞれの物質を分離することができる．たとえば，窒素と酸素の沸点の差を利用して，空気から窒素と酸素を分離することができる．また，蒸留することによって，海水に溶けている塩化ナトリウムなどと水を分離することができる．このような物質を混合物という．

一方，物理的な性質の違いによって分離された物質（窒素，酸素，塩化ナトリウム，水など）は，これ以上ほかの物質に分離することができず，固有の密度，沸点，

融点などをもっている．このような物質を純物質という．

2. 化合物と単体

水や塩化ナトリウムは純物質であるが，電気分解することにより水素と酸素，あるいはナトリウムと塩素に分解することができる．このように，ある純物質が性質の異なる純物質に変化することを化学変化（化学反応）とよび，水や塩化ナトリウムのような物質を化合物という．それに対して，水素，酸素，ナトリウム，塩素のように，それ以上の物質に分解できない物質を単体という．

3. 同素体

単体のなかには，同じ元素からできているにも関わらず，性質が異なる単体が存在する場合がある．これらを互いに同素体という．これらは，原子の配列や結合の仕方や結晶構造の違いによるものである．

表1-1に同素体の具体例を示す．

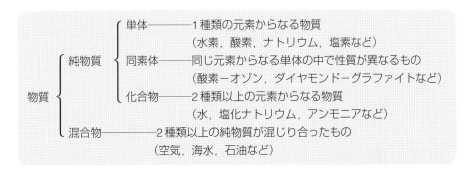

表1-1 同素体

元素	同素体	特　徴
炭素	ダイヤモンド	非常に硬く特有の光沢と透明性．電気・熱の不導体
	グラファイト	軟らかく灰黒色の光沢で層状構造．電気・熱の良導体
酸素	酸素	無色・無臭の気体
	オゾン	淡青色で刺激臭の気体
リン	黄リン	淡黄色でロウ状固体．有毒で自然発火する
	赤リン	赤褐色の粉末．無毒で自然発火せず安定
硫黄	斜方硫黄	黄色の塊状結晶．常温で安定
	単斜硫黄	淡黄色の針状結晶．常温で徐々に斜方硫黄に変化
	ゴム状硫黄	暗褐色のゴム状固体．鎖状の高分子で，常温で不安定

4. 元素と原子

水素，酸素，ナトリウム，塩素などは，電気分解やそのほかのどのような方法を用いても，それ以上別の物質に分けることができない．したがって，水素や酸素などは，物質をつくる基本的な構成成分である．このような基本的構成成分を元素（Element）という．

元素と単体は混同されやすいが，元素は物質の構成成分をさし，単体は実際の物

質を意味している．すなわち，1種類の元素からなる物質を単体という．

　元素は，現在約110種類が知られており，元素記号で区別されている．また，各元素は固有の基本粒子が集まった集合体であり，これら基本粒子を原子（Atom）という．原子の名称は元素と同じで，原子を表す記号は元素記号が使われる．たとえば，「ナトリウム」は元素の名称であるが，原子の名称でもあり，ともに元素記号 Na で表される．

② 物質の構造

> **到達目標**
>
> **1** 原子を構成している基本粒子を説明し，それらの大きさの概念を理解する．
> **2** 原子番号，質量数を説明し，元素記号とともにそれらを表示する．
> **3** 同位体を説明し，安定同位体，放射性同位体についても理解する．
> **4** 単原子分子，二原子分子，多原子分子など分子の概念を理解し，主な分子の具体例を示す．

　紀元前から，人類は「万物の根源は一体何だろう？」ということについての議論を戦わせてきた．このことは，その時代の社会的・思想的な背景とともに変化してきたが，19世紀初頭に英国の化学者ドルトン（John Dalton，1766 ～ 1844）は，「物質観」として現在につながる一つの結論を提唱した．それが「原子説」（1803）である．その概略は以下の通りである．

① 物質を細分割していくと，ついにはそれ以上分割できない微粒子に到達する．この粒子を「原子」とよぶ．
② この「原子」は，それを破壊することも創造することもできない．
③ 各元素には，固有の大きさ，質量，性質をもつ原子が存在する．
④ 化合物は，成分元素の原子が，一定の割合で結合してできている．

　しかし，19世紀末から20世紀初頭にかけて，放射能に関する重要な発見があいつぎ，原子にも構造があることが判明した．究極の構成要素で不変であると思われていた原子は，それを破壊することも創造することも可能であることがわかった．

1．原子の構造

　原子の大きさ（直径）は，原子の種類によって多少異なるが，ほぼ 1×10^{-10} ～ 5×10^{-10} m で，ほぼ球体であるとみなすことができる．原子は原子核（Nucleus）と電子（Electron）からできている．

　原子核は正電荷をもち，原子の中心に存在し，それをとりまくように負電荷をも

263-00521

った電子が存在する．原子核と電子のもつ正・負の電荷はつりあっており，原子全体としての電荷はゼロである．さらに，原子核は正電荷をもつ陽子（Proton）と，電荷をもたない中性子（Neutron）からできている．原子核が正電荷をもつのは，この陽子の正電荷によるものである．原子核の直径は，約 $10^{-15} \sim 10^{-14}$ m で，原子の約 1/10,000 ときわめて小さい．

原子を構成する電子，陽子，中性子の 3 種類の粒子を原子を構成する基本粒子といい，そのうちの原子核を構成する陽子と中性子を核子（Nucleon）という．

$$\text{原子（Atom）} \begin{cases} \text{電子（Electron）} \ominus \\ \text{原子核（Nucleus）} \oplus \begin{cases} \text{陽子（Proton）} \oplus \\ \text{中性子（Neutron）} \end{cases} \text{核子（Nucleon）} \end{cases}$$

これら基本粒子は，表1-2 に示したように，それぞれ粒子1個の質量はきわめて小さい．そのなかでも電子の質量は，核子（陽子，中性子）の質量に比べて約1/2000 である．したがって，原子の質量は，そのほとんどが原子核の質量で占められていることがわかる．

表1-2　基本粒子の質量

	基本粒子	質量（g）	原子質量単位（amu）*
	電子	9.1094×10^{-28}	0.000549
核子	陽子	1.6726×10^{-24}	1.007287
	中性子	1.6749×10^{-24}	1.008672

*（第1章，5.1参照　1amu $= 1.6605 \times 10^{-24}$ g）

2. 原子番号と質量数

元素の種類によって原子の種類は異なる．したがって，少なくとも元素数に対応する数の原子の種類が存在する．原子の種類とは，原子を構成する基本粒子数の違いである．原子核中の陽子数は元素の種類によって異なり，原子番号（Atomic number）とよばれる．すなわち，同一元素の原子はすべて同じ原子番号であり，逆に，原子番号によって元素の種類が決まる．また，原子番号は，陽子数を示しているだけではなく，原子核の外側に存在する電子数をも表している．

原子核を構成している陽子数と中性子数の和を質量数（Mass number）という．原子1個の質量は，それを構成している基本粒子である陽子，中性子，電子，それぞれの質量の総和を合計したものであるが，電子の質量は陽子，中性子の質量と比較して無視できるくらいに小さい．そのため，原子の質量はほぼ質量数に比例して大きくなる．

原子の種類を表記するときは，元素記号の左上に質量数を書き，左下に原子番号を書き添える．たとえば，原子番号8，質量数16の酸素原子Oは，次のように表される．

$$\underset{\substack{\text{（=陽子数＝電子数）}}}{\text{原子番号}} \xrightarrow{} \underset{8}{\overset{16}{\text{O}}} \xleftarrow{} \text{元素記号}$$

質量数 ⟶ （=陽子数＋中性子数）

3. 同位体

　原子のなかには，陽子数が同じ，つまり原子番号（電子数）が同じでも，中性子数の異なる原子が存在する．このような原子を互いに同位体（Isotope）であるという．同位体は，原子番号（電子数）が同じであるから，その化学的性質は同じであり，同じ元素として扱われる．したがって，同位体は同じ元素名でよばれ，同じ記号で表される．すなわち，同じ元素で質量数の異なる原子である．

　同位体のなかには，放射線を出しながらほかの元素の原子に変化するものがある．このような同位体を放射性同位体（Radio isotope）とよぶ．それに対して，放射線を出さない安定な同位体を安定同位体（Stable isotope）という．**表 1-3** に天然に存在する水素の同位体を示す．

表 1-3　水素の同位体

同位体	質量数	記号	基本粒子数			存在比 (%)	
			電子数	陽子数	中性子数		
水素	1	$^{1}_{1}\text{H}$	1	1	0	99.9885	安定同位体
二重水素	2	$^{2}_{1}\text{H}$	1	1	1	0.0115	安定同位体
三重水素	3	$^{3}_{1}\text{H}$	1	1	2	微	放射性同位体

コラム

放射線の種類とエックス線写真

　原子核の崩壊で放出される主な放射線は，α 線（＋2の電荷をもつHe原子核の粒子線），β 線（－1の電荷をもつ高速電子の粒子線），γ 線（短波長の電磁波）である．

　エックス線写真撮影に用いるエックス線は，γ 線と同じ電磁波であるが，γ 線と比べてエネルギーが小さく，殻外電子の遷移によるエネルギー差が電磁波として放出される．物質を透過するエックス線の強さは，物質を構成する元素の原子番号が大きいほど，物質の厚さが厚いほど，また密度が高いほど弱められるので，たとえば，人体の硬組織と軟組織では，その透過力に差が出る．その結果，感光紙に陰影のコントラストが生じる．

4. 分子

　いくつかの原子が結合した粒子を分子（Molecule）という．自然界で物質は固体，液体または気体として存在する．これら物質の最小構成粒子は原子であるが，物質の性質を示す最小の粒子ではない．たとえば，水を構成する原子は水素原子と酸素原子であるが，水の性質は水素，酸素の性質とは全く異なる．すなわち，水の性質を示す粒子は，水素原子と酸素原子が結合した分子である．

　分子は，構成原子の数によって単原子分子，二原子分子あるいは多原子分子などとよばれる．また，水分子は，水素原子2個と酸素原子1個からできているので，

263-00521

表 1-4 主な分子の分子式

単原子分子		二原子分子				
ヘリウム	ネオン	酸素	フッ素	窒素	塩化水素	一酸化炭素
He	Ne	O_2	F_2	N_2	HCl	CO
多原子分子						
水	二酸化炭素	アンモニア	硝酸	硫酸	メタン	ベンゼン
H_2O	CO_2	NH_3	HNO_3	H_2SO_4	CH_4	C_6H_6

元素記号を用いて H_2O と表す.

　このように，分子を構成する原子とその数を元素記号の右下に記したものを分子式という（**表** 1-4）.

3 原子の電子配置

到達目標

1 電子殻における電子配置を軌道のエネルギー順位から説明する.

2 第 1 周期〜第 4 周期まででくらいの元素の電子配置を記号で記述する.

3 陽イオン，陰イオンとは何かを NaCl で説明する.

4 原子のイオン化の難易をイオン化エネルギー，電子親和力から説明する.

　化学反応において，原子核は反応に直接関与しない.　化学反応は原子核の周りに存在する電子相互の反応である.　したがって，電子の存在状態やその配置を理解することは，「化学」を学習するうえで非常に重要なことである.

1. 電子殻とそのエネルギー

　20 世紀初頭に，原子を構成する基本粒子，あるいは放射能に関する重要な発見があいつぎ，その結果，いくつかの原子モデルが提唱された.　そのうち，現在もその基本概念が通用している原子モデルが，1913 年にデンマークの物理学者ボーア（N.Bohr）によって提唱された，いわゆる「惑星型モデル」と称されるもので，電子を粒子として取り扱うモデルであることから，「軌道」という概念はここから生まれた.　このボーアのモデルは，電子を平面的に取り扱っているため，原子，分子を立体的にとらえることが困難なことと，水素のような 1 電子系の原子には適用できるが，多電子系の原子には適用されない欠点がある.　そこで 1926 年，オーストリアの物理学者シュレディンガー（E.Schrodinger）は，電子を粒子ではなくその波動性に着目し，量子力学を導入した「波動方程式」を導いた.　それにより電子は，それらの電荷量が三次元の空間に広がった雲（電子雲）のように立体的に理解できるようになった.

　原子核の周りの電子（軌道電子）は，原子核を中心にいくつかの同心円状の層で

存在している．これらの電子が存在する層を電子殻といい，原子核に近い内側から順にK殻，L殻，M殻，N殻……（主殻）などという．主殻は原子核からの距離とエネルギーを大まかに規定したもので，主量子数（n）で表される．K殻，L殻，M殻，N殻……は，n = 1，2，3，4……に対応する．電子のもつエネルギーは，この順に大きくなり，内側の電子殻にあるほどエネルギーが低く安定である．また，各電子殻に収容できる最大電子数は，$2n^2$ で表される（**図1-1**）．

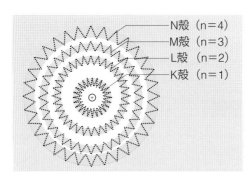

N殻（n=4）
M殻（n=3）
L殻（n=2）
K殻（n=1）

図1-1　電子殻

　主殻内の電子はそのエネルギーによって，さらに副殻に分配される．電子殻の内部構造（副殻）は方位量子数（l）によって規定され，s，p，d，f……などの記号で示される（**表1-5**）．それぞれ独自の形状をもつ副殻の種類によって収容電子数が決まっているので，主殻に含まれる副殻の種類により，各主殻の電子数や形状が決まることになる．総合的に電子の状態は，主量子数，方位量子数に磁気量子数（m），スピン量子数（s）を加えた四つの量子数で規定され，ある原子内で，この四つの量子数がすべて同じ電子は1個しか存在しない（パウリの排他律）．

表1-5　副殻の記号と収容電子数

副殻の記号	s	p	d	f
収容電子数	2	6	10	14

2. 主な原子の電子配置

　原子番号の増加に伴って，電子数が増加する．原子内の電子は，次の規則にしたがって電子殻内の軌道に収容される．

①　電子は低エネルギー軌道から順に収容される．

②　各軌道に収容される電子数は，最大収容電子数を超えない．

③　同じエネルギー順位の軌道が複数存在するときは，同じスピン量子数（電子の自転方向，↑↓で示す）をもつ電子数が，最大になるように配置される．

　各軌道に入ったスピン量子数の異なる2個の電子を電子対といい，単独で存在する電子を不対電子という（**表1-6，7，図1-2**）．

表 1-6　各主殻に含まれる副殻の種類と電子数

主殻	含まれる副殻	副殻の記号	収容電子数
K	s	1s	2
L	s, p	2s, 2p	8
M	s, p, d	3s, 3p, 3d	18
N	s, p d, f	4s, 4p, 4d, 4f	32

表 1-7　元素の電子配置

元素	原子番号	記号	電子配置 1s	2s	2p
H	1	$1s^1$	↑		
He	2	$1s^2$	↑↓		
Li	3	$1s^2 2s^1$	↑↓	↑	
Be	4	$1s^2 2s^2$	↑↓	↑↓	
B	5	$1s^2 2s^2 2p^1$	↑↓	↑↓	↑
C	6	$1s^2 2s^2 2p^2$	↑↓	↑↓	↑ ↑
N	7	$1s^2 2s^2 2p^3$	↑↓	↑↓	↑ ↑ ↑
O	8	$1s^2 2s^2 2p^4$	↑↓	↑↓	↑↓ ↑ ↑
F	9	$1s^2 2s^2 2p^5$	↑↓	↑↓	↑↓ ↑↓ ↑
Ne	10	$1s^2 2s^2 2p^6$	↑↓	↑↓	↑↓ ↑↓ ↑↓

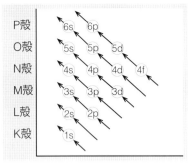

図 1-2　電子が副殻に満たされる順序

3. 価電子

　電子の配置された電子殻で，最も外側のものを最外殻といい，そこに存在する電子を最外殻電子という．最外殻電子数が 1～7 個のとき，これを価電子といい，内側の電子殻の電子と区別する．Na 原子の場合は M 殻の 1 個，F 原子の場合は L 殻の 7 個の電子が価電子である．この価電子数は，原子の性質と関連が深く，原子がイオンになるときや，ほかの原子と結合するときに大きな役割を果たす．

4. イオン

　原子，分子は電気的に中性であるが，電子を得たり，失ったりすることにより，原子核の正電荷との均衡が崩れ，電荷をもつようになる．このようにして電荷をもった原子や分子をイオンという．電子を失い正電荷（＋）をもった原子を陽イオン，電子を得て負電荷（－）をもった原子を陰イオンという．また，このとき得た電子の数，失った電子の数をイオンの価数といい，元素記号または分子式，原子団の右上に，価数と電荷の種類を記す．これをイオン式という（**表 1-8**）．

表 1-8　主なイオン式

価数		1		2		3
陽イオン	ナトリウムイオン	アンモニウムイオン	マグネシウムイオン	銅（Ⅱ）イオン	アルミニウムイオン	鉄（Ⅲ）イオン
イオン式	Na^+	NH_4^+	Mg^{2+}	Cu^{2+}	Al^{3+}	Fe^{3+}

価数		1		2		3
陰イオン	塩化物イオン	硝酸イオン	硫酸イオン	炭酸イオン		リン酸イオン
イオン式	Cl^-	NO_3^-	SO_4^{2-}	CO_3^{2-}		PO_4^{3-}

1）原子のイオン化

　周期表で18族（希ガス）に分類される元素群は，その最外殻電子数がHeが2個，Ne, Ar, Kr, Xe, Rnが8個で，このような電子配置をもつ電子殻を閉殻という．閉殻の電子配置をもつ原子は，ほかの原子などと結合しにくく安定である．したがって，価電子数が1〜3個くらいの原子は，価電子を放出して陽イオンになりやすく，逆に価電子数が6, 7個と多い原子は，外部から1〜2個の電子をもらい受けて希ガスの電子配置になり，陰イオンになりやすい（**図1-3**）．

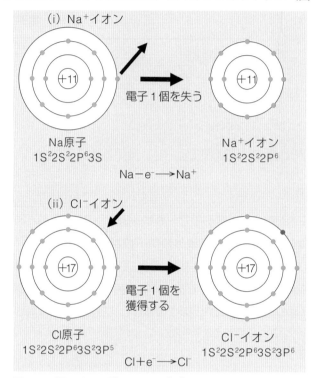

図1-3　陽イオン，陰イオンの生成

2）イオン化エネルギーと電子親和力

　原子が価電子1個を放出して陽イオンが生成されるとき，放出に際して必要な最小のエネルギーをイオン化エネルギーという．一般に，このイオン化エネルギーの値が小さい原子ほど，陽イオンになりやすい．また，原子がその最外殻に電子1個を受け取り，陰イオンが生成するとき，放出するエネルギーを電子親和力という．一般に，電子親和力の大きい原子ほど，陰イオンになりやすい．ハロゲン元素とよばれるF, Cl, Br, Iなどは，特に大きな電子親和力をもつ．

263-00521

4 **元素の周期律**

> **到達目標**
> **1** 周期律発見の歴史（Mendeleev ら）を理解し，周期表の概略を理解する．
> **2** 周期表で典型（遷移）元素，金属（非金属）元素などの配置を説明する．

1. 周期律の発見

　18 世紀頃から，近代化学の成立に伴って，化学者にとって元素を分類することや，まだ未発見の元素に関する知見を得ることは，大きな課題の一つとなってきた．

　1789 年にフランスのラボアジェ（A.L.Lavoisier）が，当時発見されていた 33 種類の元素を発表して以来，元素の分類に関しての関心が高まってきた．1869 年にロシアのメンデレエフ（D.I.Mendeleev）が，当時発見されていた 55 種類の元素を原子量順に並べてみたところ，化学的性質の類似した元素が，ある周期ごとに現れることを発見した．これを元素の周期律という．メンデレエフは，この周期性を表（周期表）にして整理し，当時まだ未発見であったいくつかの元素に関しての予言をした．

　このメンデレエフの周期表が現在の周期表の原型になっているが，20 世紀に入って原子内の電子状態が明らかになってくると，元素の周期的な性質の変化は，原子量ではなく最外殻電子数の周期的な変化によることがわかった．現在の周期表は，原子番号（殻外電子数）の順に並べられている．

2. 周期表における元素の分類

　本書の巻頭に，元素の周期表を示した．

　周期表の縦の欄を族といい，1 族から 18 族がある．同じ族に属する元素を同族元素という．横の欄を周期といい，第 1 周期から第 7 周期まである．また，欄外二段に表示されている元素群は，それぞれ第 6 周期，第 7 周期の 3 族に属する元素群である．

1）典型元素と遷移元素

　原子番号の増加につれて，電子はエネルギー順位の低い電子殻から順次満たされていく．周期表において，元素はその電子殻構造の違いによって次の四つのブロックに分類される．

> 原子番号の増加に伴って，副殻の
> s 軌道が満たされていく元素群：s ブロック元素（1 〜 2 族元素）
> p 軌道が満たされていく元素群：p ブロック元素（12 〜 18 族元素）
> d 軌道が満たされていく元素群：d ブロック元素（3 〜 11 族元素）
> f 軌道が満たされていく元素群：f ブロック元素（欄外）

以上4ブロックのうち，sブロックとpブロックに含まれる元素を典型元素，dブロックとfブロックに含まれる元素を遷移元素という．

典型元素は，同族元素間で価電子の配置が同じであるため，互いの化学的な性質が類似している．一方，遷移元素は，価電子構造が不規則で同族間の類似性はなく，同一周期に存在する元素間の性質が類似している．

2）金属元素と非金属元素

いくつかの電子を放出して陽イオンになりやすい元素を金属元素という．その単体は，金属結合して金属特有の性質（延性，展性，電気・熱の良導体など）を示す．

一方，いくつかの電子を引きつけて陰イオンになりやすい，またはイオン化しない元素を非金属元素という．その単体は，金属元素と相反する性質をもち，脆い固体，気体または液体である．

周期表のうえでは，水素とヘリウムを除くsブロック元素，dブロック元素，fブロック元素，さらにpブロック元素のうち，13族のホウ素（B）と17族のアスタチン（At）を結んだ境界線の左側に存在する元素が金属元素で，それ以外の元素，境界線（B-Atライン）の右側に存在する元素が非金属元素である．金属，非金属元素の境界線上，またはその近傍に存在する元素，B（ホウ素），Si（ケイ素），Ge（ゲルマニウム），As（ヒ素），Sb（アンチモン），Te（テルル），At（アスタチン）などは，金属，非金属両方の性質をもち，両性元素（メタロイド，半金族元素）という．

また，元素の金属性が強いことを陽性が強い，非金属性が強いことを陰性が強いという表現をすることがあり，金属元素のことを陽性元素，非金属元素のことを陰性元素ということがある（**図1-4**）．

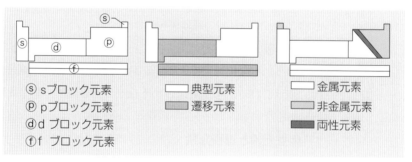

図1-4　元素の分類　　　　　（小島一光：基礎固め化学．2003[1]）

3. 主な元素各論

周期表において，同族元素や同一周期内で相互に類似の性質を示すものが多く，これらは特別な名称をつけてよばれる．

1）アルカリ金属元素

水素以外の1族元素の総称で，Li（リチウム），Na（ナトリウム），K（カリウム），Rb（ルビジウム），Cs（セシウム），Fr（フランシウム）をいう．電気陰性度は典

263-00521

型元素のなかで最も小さく，陽性の強い元素である．イオン化エネルギーが低いので，一価の陽イオンになりやすい．イオンとして海水や鉱物中に多く存在する．単体は，一般的に密度が小さく，融点が低い．また，常温においても水と激しく反応して水素を発生し，水酸化物を生じる．その水溶液は，強い塩基性を示す．また，それぞれ炎の中で独特の炎色反応を示すが，特に Na（黄），K（紫）は，鮮明な炎色反応を示す．

2）アルカリ土類金属元素

2族元素の総称で，Be（ベリリウム），Mg（マグネシウム），Ca（カルシウム），Sr（ストロンチウム），Ba（バリウム），Ra（ラジウム）をいうが，IUPAC（国際純正応用化学連合）では，Be，Mg を除いたものとしている．

これらの元素は，土壌を構成している塩基性物質が多いことから，アルカリ土類金属という．総体的に1族元素と類似しているが，電気陰性度やイオン化エネルギーがわずかに大きく，二価の陽イオンになりやすい．また，アルカリ金属元素のように炎色反応を示すが，Ca（橙），Sr（赤），Ba（緑）などは，鮮やかな反応をする．

3）ハロゲン元素

17族元素の，F（フッ素），Cl（塩素），Br（臭素），I（ヨウ素），At（アスタチン）の5元素の総称である．ギリシャ語の halo（塩），gen（つくる）から由来しているように，非常に反応性が強く，多くの元素と結合して"塩"をつくる．これはハロゲン元素の最外殻電子数が7個で，電子を1個取り込み8個の電子配置をとろうとする傾向が非常に強い（電気陰性度が大きい）からである．したがって，一価の陰イオンになる傾向が非常に強い．ハロゲン元素は，室温付近では単結合による二原子分子である．いずれも酸化剤で，その酸化剤としての強さは，$F_2 > Cl_2 > Br_2 > I_2$ の順である．

フッ素は，すべての元素のなかで最高の電気陰性度をもち，化学的に最も活性が強く，酸素，希ガス以外のすべての元素と容易に反応する．

4）希ガス

周期表で右端の18族に存在する，He（ヘリウム），Ne（ネオン），Ar（アルゴン），Kr（クリプトン），Xe（キセノン），Rn（ラドン）をいう．希ガス元素は，大気中に微量に存在するが，存在量が少ないので希ガスとよばれている．また，最外殻電子数は8個（He は2個）であるため電子の授受が起こりにくく，化学的な反応性が非常に小さい．したがって，不活性ガスともよばれている．室温付近では，単原子の気体で存在する．

5）希土類元素

3族の Sc（スカンジウム），Y（イットリウム）にランタノイド元素を加えた17元素をいう（アクチノイド元素は除く）．ランタノイド元素は，一番外側の P 殻とその内側の電子核 O 殻の電子配置が同じで，原子番号の増加につれてもう一つ内

側の，外側から3番目のN殻の電子数が増加する元素群である．このような遷移元素を内部遷移元素といい，最外殻とその内側の電子配置が変化しないので，これら元素間の化学的な性質は類似している．

　希土（産出量が少ない）の名称は，これらの元素は常に特定の鉱物に伴って産出し，しかも化学的な性質がきわめて類似しているので，相互に単離することが困難であったことからつけられた．これらの希土類元素群は，燃料電池，セラミックス，磁性材など，より高度化する先端科学技術の分野でその需要が増えている．

6) アクチノイド元素

　原子番号89番のAc（アクチニウム）から103番のLr（ローレンシウム）までの15元素をいう．天然に存在するのは，原子番号92番のU（ウラン）までで，それ以上の元素は原子核反応によって人工的につくられた元素である（超ウラン元素）．

　アクチノイド元素はすべて放射性元素で，安定同位体は存在しない．ランタノイド元素と同様に内部遷移元素であり，原子番号の増加に伴って，外側から3番目のO殻の電子が充満されていく．

　原子やそれを構成する基本粒子1個の質量をグラムの単位で表すと，**表1-2**に示したように非常に小さな値になり，その取り扱いが不便である．そこで化学においては，相対質量を導入することにより，数値的に認識が容易なレベルで議論をしていく．

5　物質量

到達目標

1 化学で用いる相対質量概念を理解し，説明する．

2 量の単位としてのモルを理解し，説明する．

3 原子，分子，イオンの重さをモルで換算する．

1. 原子質量単位

　質量数12の炭素原子（^{12}C）の質量を12とし，この値を基準にほかの原子や基本粒子の質量を表す．そこで^{12}Cの質量の1/12を1原子質量単位といい，これは，

$$1.993×10^{-23}\,g（^{12}Cの質量）/12＝1.6605×10^{-24}\,g$$

に相当する．

2. 原子量

　多くの元素は，質量数の異なる原子（同位体）の混合物であり，ある元素の天然に存在する同位体の割合（存在比）は一定である．原子量は，天然同位体の質量（原

263-00521

子質量単位）と，その存在比から計算した平均相対質量で表される．たとえば，炭素（C）は，天然に ^{12}C（質量 12.000，存在比 98.892%），^{13}C（質量 13.003，存在比 1.108%）のほか，^{14}C がごく微量存在する．そこで，炭素の原子量は，ごく微量の ^{14}C を無視すると次のように求められる．

$12 \times 98.892 / 100 + 13.003 \times 1.108 / 100 = 12.011$

このように，原子量は原子質量単位で表される相対質量なので，無名数（単位をもたない数）である．

3. 分子量，式量

原子と同様に，分子1個の質量もきわめて小さな値になるので，原子質量単位で表される．分子量は，分子を構成する全原子の原子量の総和で求められる．また，分子の存在が認められない物質やイオンにおいても，それらの組成式やイオン式のなかに含まれる全原子の原子量の総和（式量）として求められる．

水（H_2O）の分子量

（水素の原子量）×2＋（酸素の原子量）

$= 1.01 \times 2 + 16.00 = 18.02$

SO_4^{2-} の式量

（硫黄の原子量）＋（酸素の原子量）×4

$= 32.07 + 16.00 \times 4 = 96.07$

4. モル

化学における物質量の基本単位で，アボガドロ数（N）（6.02×10^{23}）個の粒子（原子，分子，イオン）を含む物質を1モル（mol）という．

1モル

6.02×10^{23} 個の原子 ⟶ 原子1モル

6.02×10^{23} 個の分子 ⟶ 分子1モル

6.02×10^{23} 個のイオン ⟶ イオン1モル

1モルの質量

原子量 A の原子1モルの質量 ⟶ A（g）

分子量 B の分子1モルの質量 ⟶ B（g）

1モルの体積（0℃，1気圧）

水素ガス（H_2）1モル（2g）の体積 ⟶ 22.4 l

二酸化炭素（CO_2）1モル（44g）の体積 ⟶ 22.4 l

メタン（CH_4）1モル（16g）の体積 ⟶ 22.4 l

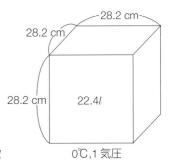

6 化学結合

1 なぜ原子，分子は結合するのかをオクテット説，Lewis-Langmuir 原子価理論などから理解し，説明する．

2 塩化ナトリウムの結晶をイオン結合で説明する．

3 -**①** 気体分子や水，アンモニア分子などを共有結合で説明する．

 -**②** 単結合，二（三）重結合について説明する．

（◆元素の電気陰性度から分子の極性を理解し，イオン，共有結合を区別する）

4 金属結合の特徴を理解し，金属の特性を説明する．

5 配位結合の特徴を説明する．

6 水素結合，ファンデルワールス結合の特徴を説明する．

すべての物質は，原子やイオンなどの粒子が相互に結びついてできている．これらの粒子間の結びつきを化学結合という．物質が示す固有の性質は，この化学結合の種類の違いに依存する場合が多い．また，化学結合では，電子が"のり"の役割をしている．特に最外殻の電子，すなわち原子価電子（価電子）が，結合に重要な働きをしている．

1. オクテット則（説）

なぜ原子やイオンは化学結合するのか？それは，化学結合が形成されると，原子の電子配置は結合前に比べて安定な配置になるからである．しかし，すべての原子やイオンが化学結合しやすいとはいえない．たとえば，18 族元素（希ガス）は不活性ガスともよばれるように，ほかの原子やイオンと反応（結合）しにくく，安定な元素である．18 族元素は以下のような電子配置をとる．

```
He：•2
Ne：•2）8
Ar：•2）8）8
Kr：•2）8）18）8
Xe：•2）8）18）18）8
Rn：•2）8）18）32）18）8
```

このように，He を除く 18 族元素の最外殻電子数はすべて 8 個である．このことは，最外殻電子数が 8 個の電子配置をとる原子は安定（化学結合しにくい）しているという原因の一つであるといえる．そこで 1916 年，ドイツのコッセル（W. Kossel）は，その論文「化合物の生成過程に関する理論」のなかで"原子は不活性ガス構造を形成するように電子の配置を調整する傾向がある"と述べ，イオン結合

の形成をうまく説明することに成功した．しかし，もう一つの重要な共有結合をうまく説明できなかった．

1917 年，米国のルイス（G.N.Lewis）とラングミュア（I.Langmuir）は，「原子の結合方式の基本的な因子に関する有効な一般則」として，"原子の価電子は立方体の頂点を占め，八つの頂点を電子で満たす傾向がある"というオクテット則（オクテット説・八隅説）を提唱した．この説はコッセルの説明するイオン結合はもちろん，共有結合において，その共有原子価の機構を模式的に初めて説明したことに大きな意義がある（**図 1-5**）．

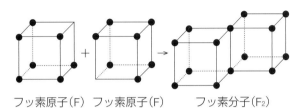

フッ素原子（F）　フッ素原子（F）　　フッ素分子（F₂）

図 1-5　オクテット則とフッ素原子（H.G.Burman 著，湊　宏訳：一般化学．1981[2)]）

2. 電子式

オクテット則における立方体の八頂点に位置する価電子を平面的に表すために用いる．価電子を • で示し，元素記号の周りに配置した式を電子式（電子の点表示式，ルイス構造）という．元素記号は原子の中心部（原子核と充満した電子殻）を表しており，最外殻電子（価電子）は中心部の周りに，正方形の隅にくるように描く（**表 1-9**）．

表 1-9　電子式の例

名称	水素	炭素	窒素	塩素	アルミニウム	硫黄	アルゴン
電子式	H·	·Ċ·	·N̈·	:C̈l·	·Al·	:S̈·	:Är:

3. イオン結合

価電子が希ガス構造に近い原子は，希ガス型の電子配置をとろうとする傾向が強く，そのために電子を放出したり，ほかからもらい受けたりして陽イオンや陰イオンになる．正または負に帯電した陽イオンと陰イオンがクーロン力（静電気力）によって引き合ってできる結合をイオン結合という．

一般に，イオン結合は，陽性の強い元素（金属元素）と陰性の強い元素（非金属元素）の間で起こる結合形態であり，正の電荷と負の電荷が等しくなるように結合して，全体としては電気的に中性になる．たとえば，代表的なイオン結合性の化合物である塩化ナトリウム（NaCl）は，Na⁺ 1 個と Cl⁻ 1 個が結合し，互いに電荷を打ち消し合う．また，正と負の異種イオン間にはクーロン力による引力が作用するが，正と正，負と負のような同種イオン間には反発力（斥力）が生じる．その結果，

多数の正と負のイオンが規則正しく配列したイオン結晶をつくる.

　クーロン力の大きさ（F）は，正・負の電荷の積（qq'）に比例し，粒子間の距離の2乗（r^2）に反比例する．kは比例定数である.

$$F = k \times qq' / r^2$$

　したがって，その結合力は，イオン間距離（r）（正イオン半径＋負イオン半径）が小さいほど強くなる.

　クーロン力には方向性がなく，陽イオンはその周りにできるだけ多くの陰イオンを引き寄せようとし，陰イオンはできるだけ多くの陽イオンを引きつけようとする．しかし，空間的に正・負のイオンの大きさによって規定されるいくつかの規則的な配置（結晶構造）をとる．そのため，結晶中の正・負イオンの配置は，単純な単位構造（単位格子）の繰り返しによる格子状構造（結晶格子）をつくる．これをイオン結晶とよぶ.

　イオン結晶の代表的な構造として，**図1-6** に塩化ナトリウム（NaCl）と塩化セシウム（CsCl）を示す．塩化ナトリウムは，四つの単位格子の中心にある小さなナトリウムイオンが等距離にある6個の塩化物イオンで囲まれている．このような構造を単純立方構造という．一方，塩化セシウムは，立方体の中心にあるセシウムイオンが，等距離の各頂点にある8個の塩化物イオンに囲まれた構造をとる．このような構造を体心立方構造という.

　これらの結晶系の違いは，正・負イオンのイオン半径比に依存する．一般にイオン結晶は高融点で，純粋な結晶は電気伝導性がほとんどないが，水溶液では良好な電気伝導性を示す.

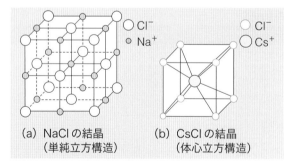

(a) NaCl の結晶
　（単純立方構造）

(b) CsCl の結晶
　（体心立方構造）

図1-6　イオン結晶（乾　利成ほか：改訂化学—物質の構造，性質および反応—. 1981[3]）

4. 共有結合

　原子の価電子は，その電子数や副殻の種類によって電子対をつくらず不対電子をもつものも多い．また，一般的に非金属元素は，電気陰性度が大きいので，価電子を受け入れて安定な電子配置をとる傾向が強い．不対電子をもつ二つの原子が，電子雲の重なりによって互いに電子を出し合って電子対をつくり，2原子がこの電子対を共有することによってできる結合を共有結合という．このようにしてつくられた電子対を共有電子対といい，結合に関与しない（直接に結合の相手をもたない）

電子対を非共有電子対または孤立電子対という.

　電子対を2原子間で共有することによって，原子間に新たに電子密度が高く安定な電子軌道（分子軌道）ができる. 共有結合した原子の電子配置は，安定な希ガス型の配置をとることが多い. たとえば，H_2 分子中の H 原子は He 型になり，H_2O 分子中の O 原子は Ne 型になる.

$$H^{\cdot} + {\cdot}H \rightarrow H\!:\!H$$
$$H^{\cdot} + {\cdot}\ddot{\underset{..}{O}}\!: + {\cdot}H \rightarrow H\!:\!\ddot{\underset{..}{O}}\!:$$
$$\phantom{H^{\cdot} + {\cdot}\ddot{\underset{..}{O}}\!: + {\cdot}H \rightarrow }H$$

　原子間が1組の共有電子対で結合しているとき，この結合を単結合（一重結合），2組の共有電子対で結合しているときを二重結合，3組の場合を三重結合という. また，1組の共有電子対を1本の線で表したものを価標といい，価標を用いて分子内の原子の結びつきを表した化学式を構造式という（表 1-10）.

表 1-10　共有結合の種類と構造式

分子	水	アンモニア	メタン	二酸化炭素	窒素
分子式	H_2O	NH_3	CH_4	CO_2	N_2
種類	単結合	単結合	単結合	二重結合	三重結合
電子式	H:Ö: H	H:N:H H	H H:C:H H	:Ö::C::Ö:	:N::N:
構造式	H－O H	H－N－H H	H H－C－H H	O=C=O	N≡N
分子の形	折れ線形	三角錐形	正四面体形	直線形	直線形

　多数の原子が次々と共有結合していくと巨大分子構造をもつ結晶ができる. 仕組みは，共有結合によって簡単な分子ができることと同じであるが，このような巨大分子の結晶を共有結合結晶という. 炭素やケイ素など，原子価の大きい元素がこの形態をとることが多い. ダイヤモンドは炭素の価電子4個が，すべて次々とほかの炭素原子と四面体的に共有結合し，三次元の巨大網目構造の結晶をつくる. 原子間の共有結合が強いため硬く，融点が高い. また，不安定な電子がないため導電性がなく，光を吸収しないので無色透明である. 一方，ダイヤモンドと同素体であるグラファイト（黒鉛）は，4個の価電子のうち3個を用いた共有結合によって正六角形で平面状（層状）の巨大分子をつくる. 共有結合されなかった1個の価電子は，層間を自由に動くことができるので，ダイヤモンドとは異なり導電性を示し軟らか

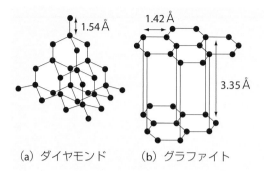

1.54Å　1.42Å　3.35Å

（a）ダイヤモンド　　（b）グラファイト

図1-7　ダイヤモンドとグラファイトの結晶（伊藤俊子ほか：基礎の化学，改訂版. 1989[4]）

いので，モータなどの電気接点や鉛筆の芯として使われる.

　そのほか，水晶や石英をつくる二酸化ケイ素（SiO_2）や窒化ホウ素（BN）などは，ダイヤモンドと同様な構造で強固で硬い（**図1-7**）.

> ### コラム
>
> **イオン結合か共有結合か**
>
> 　H_2分子やCl_2分子のように，同一原子でできている分子は，それらの共有電子対は2原子の中間に存在し，電子の負電荷の中心が一致している. しかし，H_2O分子やHF分子のように，異種原子間の結合による分子においては，共有電子対を引きつける傾向が大きな原子のほうに共有電子対が移動し，分子全体として負電荷の中心がずれる. すなわち，一つの分子内で，正電荷と負電荷の中心が分かれることになる. そのような分子を双極子といい，極性があるという.
>
> 　このように，原子の種類によって電子（電子対）を引きつける傾向の強さをを示す尺度として，1932年，米国のポーリング（L.C.Pauling）が電気陰性度という概念を提唱した. 電気陰性度は，18族を除き，族番号が大きいほど，原子番号が小さいほど大きな値になる. すなわち，元素の非金属性が大きくなるほど，電子を引きつけやすくなるので，電気的に陰性である. その大きさは，ある元素のイオン化エネルギーと電子親和力の算術平均値にほぼ比例する. また，2原子間の結合で，その結合がイオン結合性か共有結合性かを推定する重要な尺度になる. ポーリングは，2原子間の電気陰性度の差が1.7以上の差があるときは，その結合はイオン結合になり，1.7以下においては共有結合の形態をとるとしている.

5. 配位結合

　共有結合においては，結合に関与する原子が互いに等しい数の価電子を出し合っていくつかの電子対をつくり，その電子対を共有することにより形成される. その共有電子対が一方の原子からのみ供給される共有結合を配位結合という. すなわち，非共有電子対をもつ原子が，相手の原子に非共有電子対を一方的に提供し，原子間でその電子対を共有することによって形成される共有結合である. たとえば，水やアンモニアは，次のように水素イオンと配位結合する.

　共有結合した原子どうしは価標で結ぶが，配位結合した原子どうしを，非共有電子対を与えた原子から受け入れた原子に向かって矢印（→）を用いて表す.

　しかし，通常の共有結合と配位結合は，いったん結合が生じれば，両者を物理的にも化学的にも区別することができないため，必ずしも矢印で表すことはなく，通

$$\text{H}:\overset{\displaystyle ..}{\underset{\displaystyle \text{H}}{\text{O}}}: \quad + \quad \text{H}^+ \quad \longrightarrow \quad \left[\text{H}:\overset{\displaystyle ..}{\underset{\displaystyle \text{H}}{\text{O}}}:\text{H} \right]^+$$

水　　　　水素イオン　　　オキソニウムイオン

$$\text{H}:\overset{\displaystyle ..}{\underset{\displaystyle \text{H}}{\text{N}}}:\text{H} \quad + \quad \text{H}^+ \quad \longrightarrow \quad \left[\text{H}:\overset{\displaystyle \text{H}}{\underset{\displaystyle \text{H}}{\text{N}}}:\text{H} \right]^+$$

アンモニア　水素イオン　　アンモニウムイオン

常の線で表すこともある.

　原子番号 1 の水素には電子が 1 個しかないので，水素イオンは電子をまったく持たない．それにもかかわらず酸素あるいは窒素原子と共有結合できるのは，配位結合の場合，電子対の授受が起きるからである．電子対を与える原子，分子，イオンのことを電子供与体（electron donor），電子対を受け取る側を電子受容体（electron acceptor）という．このとき，原子，分子，イオンなど非共有電子対を供与して配位結合するものを配位子（ligand）という.

6. 金属結合

　周期表に記載されている元素の約 3／4 は金属元素に分類される．鉄，ニッケル，銅，金などの金属は，金属元素の原子が多数結合してできている．一般的に金属元素の原子はイオン化エネルギーが小さく，価電子を放出して陽イオンになりやすい．そのような金属元素の原子が多数集まると，放出された価電子が金属結晶内を自由に動いて，特定の原子に束縛されることなく自由に動くことができるようになる．このような電子を自由電子といい，この自由電子を金属の原子全体で共有する結合を金属結合という．金属内の自由電子の存在は，電気や熱の良導体という金属特有の性質を示し，延性（物体が破壊されずに引きのばされる性質），展性（薄くのばすことのできる性質）など外力による原子配列のずれも自由電子が動きながら原子を結びつけている.

　金属の原子はできるだけ多くの金属原子と結合しようとするために，原子が規則的に配列した結晶をつくる．これを金属結晶とよぶ．金属の結晶格子の種類は，面心立方格子，体心立方格子，六方最密充塡などがあり，ほとんどの金属がそのどれかに属する（**図 1-8**）.

7. 分子間の結合

　これまで述べてきたイオン結合，共有結合，配位結合，金属結合などの化学結合は，原子間で形成される結合であるが，分子間で形成される結合も含めて化学結合ということがある．水（H_2O），水素（H_2），二酸化炭素（CO_2），ヨウ素（I_2）などは分子からなる物質である．分子間で形成される結合には，分子間力による結合と水

263-00521

6　化学結合　21

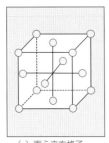 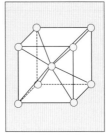 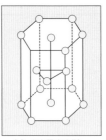

(a) 面心立方格子 　　　　　(b) 体心立方格子 　　　　(c) 六方最密充塡
　　（Cu,Ag,Al など）　　　　　（Na,K,Fe など）　　　　（Mg,Zn,Cd など）

図1-8　金属結晶　　　　　（伊藤俊子ほか：基礎の化学, 改訂版. 1989[4]）

素結合がある.

1）分子間力

　酸素（O_2），窒素（N_2），二酸化炭素（CO_2）など電気的に中性の分子からできている物質は，常温，常圧では気体として存在するが，低温，高圧力下では液体や固体になるものが多い．これらは分子どうしが非常に接近すると分子間に引力が働き，結びつくために起こる．この分子結晶や液体の凝集力の原因になっている弱い引力を分子間力といい，希ガスを含むあらゆる種類の原子や分子間に必ず作用するクーロン力である．分子間力のうち，無極性分子間に働く引力を，特にファンデルワールス力（van der Waals' force）という.

　分子からなる物質も，分子が規則正しく立体的に配列した結晶になるものもあり，これを分子結晶という．ヨウ素（I_2），ナフタレン（$C_{10}H_8$），グルコース（$C_6H_{12}O_6$），二酸化炭素（CO_2）などはその例である.

　分子間力は，イオン結合や共有結合に比べ結合力が弱い．分子間結合できる物質の沸点や融点は高くないが，一般に分子の表面積が大きい（分子量が大きい）ほど，分子間力は強くなり，沸点，融点も高くなる（**図1-9**）.

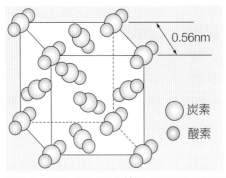

0.56nm

炭素
酸素

図1-9　ドライアイスの結晶（高等学校検定教科書・化学 IB. 2001[5]）

2）水素結合

　電気陰性度の大きな原子（N，O，F など）に水素原子が結合しているような分子では，電気陰性度の大きい原子のほうに共有電子対が引き寄せられるので，双極

263-00521

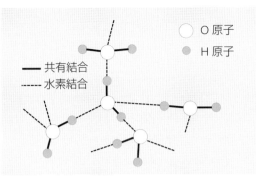

図 1-10　氷の結晶構造と水素結合 （高等学校検定教科書・化学 IB, 改訂版. 1997[6]）

子の構造をとる. たとえば，水分子（H_2O）においては，酸素原子側に共有電子対が偏り，その結果，水素原子側に正電荷が偏る. この水素原子と隣りの水分子の酸素原子が弱いクーロン力によって結合をつくる. これを水素結合という. すなわち，水素原子を間にはさんだ分子間の結合である.

　一般に，水素結合は，共有結合に比べて結合距離が長く，その強さは 1/5 〜 1/10 程度で，ファンデルワールス力の 10 倍程度である. 氷は水分子がほかの 4 個の水分子と水素結合し，隙間の多い構造になり，密度が小さく液体の水に浮く（**図1-10**）.

レジン接着材

　成形修復材料の歯質への接着において，強固な接着をするために，レジン接着材（カップリング材）が使われる. これは，酸処理された歯質表面から配向しているカルシウムイオン（Ca^{2+}）や水酸化物イオン（OH^-）と，水素結合やイオン結合するカルボキシ基（− COOH）やヒドロキシ基をもち，親和性を高めている.

プラーク（歯垢）の付着

　歯面に付着した細菌性構造物であるプラークが付着するメカニズムは，歯面表層のペリクル（糖タンパクが変性した獲得皮膜）と口腔細菌間のファンデルワールス力，イオン結合や水素結合による静電的結合，カルシウムイオンがともに負に帯電した細菌表層と歯面間の仲立ちによる結合などによるものである.

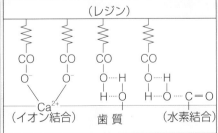

歯質に対するレジンの接着機構
（西山　寛ほか編：スタンダード歯科理工学, 改訂版. 2003[7]）

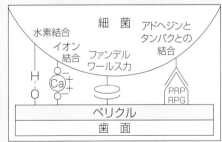

歯面に細菌が付着するメカニズム
（梅本俊夫ほか編：図説口腔微生物学, 改訂第 3 版. 2004[8]）

●章末問題 ———————————————— Exercise ●

(1)　次に示す物質を，単体，混合物，化合物に分類しなさい．

①水　　②鉄　　③二酸化炭素　　④オゾン　　⑤空気　　⑥窒素ガス

⑦ダイヤモンド　　⑧砂糖水　　⑨塩化水素　　⑩泥水

(2)　次に示す原子，イオンの電子数，陽子数，中性子数を記しなさい．

① ^1H　　② ^{12}C　　③ $^{16}O^{2-}$　　④ $^{40}Ca^{2+}$　　⑤ ^{238}U

(3)　次に示す物質の電子式と構造式を書きなさい．

①水（H_2O）　　②メタン（CH_4）　　③硫化水素（H_2S）　　④アンモニア（NH_3）

⑤アセチレン（C_2H_2）

(4)　次に示す物質の分子量または式量を計算しなさい．

①塩化アンモニウム（NH_4Cl）　　②硫酸マグネシウム（$MgSO_4$）

③ナフタレン（$C_{10}H_8$）

(5)　ここに 2.8 g のドライアイスがあります．

①このドライアイスの物質量は何モルになりますか．

②このドライアイスには何個の分子が存在しますか．

③このドライアイスを 0℃，1 気圧ですべて気体にすると，その体積は何 l になりますか．

(6)　次に示す物質の結晶は，㋐ イオン結晶，㋑ 共有結合結晶，㋒ 分子結晶，㋓ 金属結晶のいずれにあてはまるかを記しなさい．

①水　　②フッ化カルシウム　　③二酸化ケイ素　　④アンモニア

⑤アルミニウム　　⑥ヨウ素　　⑦ホルムアミド　　⑧塩化ナトリウム

⑨二酸化炭素　　⑩ダイヤモンド

263-00521

2章

気体について知ろう

2　気体について知ろう

1　気体のルール

　自然界にある物質は，食塩のような固体，水のような液体，空気のような気体の三つの状態（三態）のどれかとして存在するが，それぞれの物質は，温度や圧力などの条件によりほかの状態に変化する（三態変化）．

　液体の温度を高くすると，物質の分子運動が激しくなり，ばらばらに運動している状態となった気体に変化する．このため分子間の距離が大きく，液体と比較して，同一の質量の物質の体積は，かなり大きなものになる．この章では，初めに気体の種類に関係しない共通する法則をあげた．

1. アボガドロの法則

　アボガドロは，気体反応の法則を説明するため分子説を提唱し，そのなかで気体の体積と分子数の関係を次のように述べた．

> 「気体の種類に関係なく，同温，同圧の気体は，
> 　　　　　同体積中に同数の分子を含む．」　　（アボガドロの法則）

　気体の種類に関係なく，1モルの気体分子（アボガドロ数個：6.02×10^{23} 個）は，標準状態である0℃，1気圧で22.4 l の体積を占めることになる．

　しかし，この値は，気体分子の分子間力や分子の体積を考えに入れない気体（理想気体）での計算値であり，実際の測定値とはわずかなずれがある．

2. ボイルの法則，シャルルの法則

　気体は分子の運動が激しく分子間の距離が大きいため，その体積は，温度や圧力によって容易に変化する．一定質量の気体の体積と圧力の関係はボイルらにより，また，体積と絶対温度の関係はシャルルらにより導かれた（図2-1，2）．

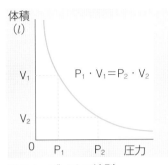

図 2-1　ボイルの法則
体積は圧力に反比例

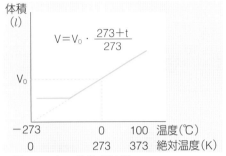

図 2-2　シャルルの法則
体積は絶対温度に比例

　これらをまとめたものがボイル・シャルルの法則であり，以下のように表される．

「一定質量の気体の体積は，圧力に反比例し，絶対温度に比例する．」

（ボイル・シャルルの法則）

　これを，圧力（P），絶対温度（T），体積（V）として一定質量の気体について表すと，次のようになる．

$$\frac{PV}{T} = k \quad (k：一定)$$

　このことから，圧力（P_1），絶対温度（T_1），体積（V_1）の一定質量の気体を，圧力（P_2），絶対温度（T_2），体積（V_2），に変化させたとき，次のような関係となる．

温度表示

　われわれは，日常の温度を摂氏（せっし，セルシウス度，℃）という単位で表している．スウェーデン人のアンデルス・セルシウス（Anders Celsius）が 1742 年に考案したものに基づいており，水の凝固点を0℃，沸点を100℃としている．一方，科学計算には主に絶対温度（ケルビン，K）を用い，すべての分子の運動が停止する絶対零度を 0 ケルビン（K）としている．これは，熱力学温度を表す単位であり，国際単位系の基本単位の一つでもある．

　摂氏（セルシウス度，℃）と絶対温度（ケルビン，K）の関係は K ＝℃＋ 273.15 となる．

　また，米国のメディアだけは依然，華氏（℉）を用いているが，－40℃と－40 ℉が等しいことを利用した以下の変換方法がある．

　℃＝（℉＋40）／1.8－40

　摂氏はセルシウスを中国語で書いた「摂爾修」から，華氏はファーレンハイト（Daniel Gabriel Fahrenheit）の中国語における音訳「華倫海特」，ケルビンはイギリスの物理学者ウィリアム・トムソン（William Thomson, 後に貴族，ケルビン卿となった）にちなんでつけられた．

$$\frac{P_1V_1}{T_1} = \frac{P_2V_2}{T_2} = k \quad (k：一定)$$

3. 理想気体の状態方程式

ボイル・シャルルの法則から、一定量の気体について PV／T ＝一定 の関係が成り立つ。

1 モル（mol）の気体が標準状態（0℃，1013hPa）のとき，体積は 22.4 l であるから，標準状態で n モルの気体の体積は 22.4・nl となる。

これらの値（1013hPa，0℃，22.4nl）を上記の式に代入すると，次の関係が導かれる。

$$PV／T＝1013[hPa]・22.4・n[l]／273[K]≒n[mol]×83.1[hPa・l／(K・mol)]$$

このときの，83.1 hPa・l／（K・mol）を気体定数といい，一般に R で表す。よってこの関係を

$$PV＝nRT（R：83.1 hPa・l／(K・mol)）$$

と，表すことができる。また，分子量 M の気体 w［g］のときは，n ＝ w／M であるから，上の式は

$$PV＝(w／M)RT$$

となり，二つの式を**気体の状態方程式**という。

気体定数

　気体定数は，さまざまな単位を用いて算出される値である。これまで，圧力の単位として atm（気圧）を用いていた。1atm（1 気圧）＝ 1013 hPa であることから，圧力単位を atm に換え算出すると，R ＝ 0.082 atm・l／（K・mol）となる。また，国際単位系（SI）で表すと，標準状態では，圧力 1.013×10⁵ Pa，温度 273 K，1 モルの体積 0.0224 m³ となり，1 Pa・m³ ＝ 1 J（ジュール）であることより，R ＝ 8.31J／（K・mol）となる。このことから，簡単に数値を求めることができるものの，使用する単位系に注意しなければならない。

4. ドルトンの分圧の法則

1）ドルトンの分圧の法則（図 2-3）

複数の気体が混じり合った混合気体で，混合気体全体の圧力を全圧，混合気体の成分気体のそれぞれの圧力を分圧と表すと，混合気体の全圧・分圧が気体分子の数に比例することから，次のような関係が導かれる。

「混合気体の全圧は，各成分気体の分圧の和に等しい。」

（ドルトンの分圧の法則）

たとえば，混合気体において，成分気体 A，B，C，…の分圧を，それぞれ p_A，p_B，p_C，…，混合気体の全圧を P とすると，次のような関係となる．

$$P=p_A+p_B+p_C+\cdots\cdots$$

2）混合気体の組成と分圧

同温の気体の圧力は，その分子数，すなわち物質量に比例することから，混合気体の各成分気体の分圧比は，そのモル比に等しく，各気体の体積比に等しい．

各気体の同温・同圧における体積を v_A，v_B，v_C，…，各気体の物質量を n_A，n_B，n_C，…，とすると次のような関係となる．

$$p_A:p_B:p_C\cdots=v_A:v_B:v_C\cdots=n_A:n_B:n_C\cdots$$

成分気体の分圧比＝成分気体の体積比（同温・同圧）＝成分気体のモル比

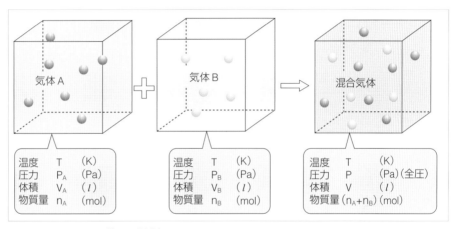

図 2-3　ドルトンの分圧の法則

ジュール・トムソン効果

　気体に高い圧力をかけて圧縮すると，高熱を発し液体に変化する．一方，この液化した気体が気体に戻るときには周りから熱を奪う．これを気化熱，この冷却効果を熱力学では，ジュール・トムソン効果といい，クーラーや冷蔵庫の温度が室温より下がる原理となっている．

　冷蔵庫，クーラーでは，冷媒とよばれる物質が管内を循環し，コンプレッサーにより圧縮され液体となり，気体に戻すことによって冷却効果を得ている．冷媒としては，簡単に圧縮することにより液体に変わる沸点の低いフロンガスが用いられていた．しかし，使用時には管の中を移動するので問題はないが，破棄解体される時点で大気中に冷媒が放出さ

れるため，近年，フロンガスの環境に与える影響を考慮して，冷媒として炭化水素（イソブタンやプロパン）を使うノンフロンタイプの冷蔵庫やクーラーが販売されている．

　一方，医療分野ではこの効果によって超低温にした治療用プローブ（直径約 3mm）を用いて，癌組織を－185℃で凍結し破壊する「凍結手術」が可能になった．手術は局所麻酔下で，少し太い針のような冷凍治療器のプローブを癌組織内部に挿入し，凍結させることで癌細胞を破壊する．凍結の麻酔効果により治療中の痛みもなく，体の負担も少ない利点がある．アルゴンガスを使った冷凍治療器では，わずか 10 秒で，先端部 2cm の温度が－185℃まで下がる仕組みになっている．

5. ヘンリーの法則，気体の溶解度

気体には，アンモニアや塩化水素のように水に溶けやすいものと，水素，酸素，窒素のようにわずかしか溶けないものがある．気体の水に対する溶解度は，単位体積の水に対する溶けた気体の標準状態に換算した体積の割合で表す（**表**2-1）．

表2-1 **気体の水に対する溶解度**

温度（℃）	0	20	40	60	80	100
空　気	0.0289	0.0183	0.0132	0.0098	0.0060	0
酸　素	0.0489	0.0310	0.0231	0.0195	0.0176	0.0170
二酸化炭素	1.7170	0.9368	0.6053	0.4468	0.3665	—
窒　素	0.0235	0.0152	0.0116	0.0102	0.0096	0.0095
水　素	0.0214	0.0182	0.0161	0.0160	0.0160	0.0160

1mlの水に溶ける気体の1気圧における体積（ml）

（日本化学会編：化学便覧―基礎編―，改訂5版．2004[9]）

気体の溶解度は，温度の上昇とともに減少するが，圧力の上昇に対してはほぼ比例して増加する．また，気体と液体とが接している場合，定温では，一定量の溶媒に溶ける気体の質量は圧力に比例するが，体積は圧力に関係なく一定である．

また，混合気体の成分はその分圧に比例して溶け，これらの関係は以下となる．

「気体が液体に溶解する量は，その気体の分圧に比例する．」

（ヘンリーの法則）

1気圧下において窒素が0℃で水と接すると，100mlの水に対して2.35mlの窒素が，また，酸素は4.89ml溶解して飽和する．空気の場合で考えると，窒素の分圧は0.79気圧，酸素の分圧は0.21気圧であるため，それぞれの水100mlあたりの飽和溶解量は以下のようになる．

窒素の溶解量：2.35ml×0.79 ≒ 1.86ml

酸素の溶解量：4.89ml×0.21 ≒ 1.03ml

水に溶解する空気の組成比が空気中と異なることがわかる．

263-00521

2 空気は何から

1. 大気中の主な気体と性質

　現在の大気の組成（**表2-2**）は,窒素が約78%,酸素が約21%と,この二つの気体が大気組成の大部分を占めている（**図2-4**）.植物や動物の活動によって循環されることにより組成比は,比較的安定した推移を続けてきた.しかし,産業革命以降,長期間をかけ地下でつくられた石炭,石油などの化石燃料が急激に消費されるようになり,約150年間に二酸化炭素の濃度が当時と比較して1.5倍近くに達した.また,通常自然界にはほとんど存在しない物質や人工的に合成した物質も大気中で増加する傾向がみられる.

表2-2 地球の地表付近の大気組成

構成成分		%	融点 ℃	沸点 ℃
窒素	N_2	78.088	-210	-195.8
酸素	O_2	20.949	-223	-183.2
アルゴン	Ar	0.934	-189.2	-185.7
二酸化炭素	CO_2	0.040	-79.0	-57.0
ネオン	Ne	$1.8×10^{-3}$	-248.7	-245.9
ヘリウム	He	$5.24×10^{-4}$	-272.2	-268.9
メタン	CH_4	$1.4×10^{-4}$	-182.8	-161.5
クリプトン	Kr	$1.14×10^{-4}$	-157.2	-152.9

（日本化学会編：化学便覧—基礎編—,改訂5版.2004[9]）

1）窒素

　窒素（N_2）は,空気中に約78%存在し,単原子分子では存在せず二原子分子となり,常温,常圧で無色無臭の気体である.気体の状態では,希ガスと同様に安定な物質であり,加圧することにより液体（液体窒素）になる.自然界では土壌や水の中で硝酸アンモニウムを含む化合物や亜硝酸塩等に変換されるが,根粒菌などにより固定され,植物によりアミノ酸さらにタンパク質へと変換される.枯死や,動物の食物となり摂取・排泄され,バクテリアの分解等により気体に戻る.空気中での酸化により生成

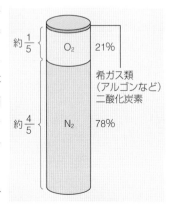

図2-4　空気中の主な気体

する窒素酸化物は，大気汚染の原因の一つでまとめて NOx とよばれる.

2) 酸素

酸素 (O_2) は空気中に 21% 含まれ，窒素同様に二原子分子として存在している. 無味無臭であるが，液体となると淡い青色を呈する. 酸素分子は不対電子をもつことから常磁性を示す. また，電気陰性度が大きいため反応性も高く種々の元素と酸化物をつくることから酸化剤として用いられる.

酸素は，生命維持に必須である一方，DNA などの生体構成分子を酸化して変性させることも報告されている. また，高濃度の酸素の長時間吸引は，生体にとって有害であり，未熟児網膜症の原因でもある.

3) 二酸化炭素

二酸化炭素 (CO_2) は，常温，常圧で無色・無臭の気体であり，炭酸ガスともよばれる. 常圧で液体にはならないが，$-79℃$ で昇華性の固体であるドライアイスとなる. また，水に溶けると炭酸 (H_2CO_3) となり，弱酸性を示す.

4) 希ガス

希ガス（Rare gas）とは，周期表の 18 族に属するヘリウム (He)，ネオン (Ne)，アルゴン (Ar)，クリプトン (Kr)，キセノン (Xe)，ラドン (Rn) をいう. これらの元素では，原子における最外殻が電子で満たされているため，化学的に非常に安定である. いずれも単原子分子として存在し，常温では無色で無臭の気体であり，沸点は非常に低い.

ヘリウムは，大気中にきわめて微量含まれ，密度が低く，水素についで軽い気体である. 反応性に乏しく，不燃性であるため，気球や飛行船用の充塡ガスに使われる. また，沸点が非常に低いことから液体ヘリウムは超伝導の磁石などの冷却剤に使われる.

アルゴンは，希ガスの中で最も多く大気中に含まれる. 白熱電球や蛍光灯の封入ガスとして使われる.

2. 二酸化炭素と温室効果

1) 二酸化炭素と一酸化炭素

二酸化炭素 (CO_2) は，石炭や石油などの化石燃料，木や紙，プラスチックなどの炭素化合物を燃やすときに発生するばかりでなく，生物が呼吸するときにも発生するが，植物の光合成により，二酸化炭素は植物体に吸収され，酸素が放出される.

身近なものとして，二酸化炭素は，ビールや炭酸飲料などに使用され，炭酸ガスの呼び名でも知られている. 酸素や窒素と比較して，二酸化炭素は水によく溶け，水溶液が酸性を示し炭酸を生じる. また，ドライアイスは，二酸化炭素の固体であり室温で固体から気体へ変化する（昇華）ときに，大量の熱量を奪うことから冷却剤として用いられる.

263-00521

$$C \;+\; O_2 \;\rightarrow\; CO_2 \qquad 完全燃焼$$
$$2C \;+\; O_2 \;\rightarrow\; 2CO \qquad 不完全燃焼（酸素不足）$$

炭素化合物が燃えるときに、二酸化炭素が発生するが、同時に、有毒な一酸化炭素（CO）も発生し、燃焼に必要な酸素が不足した場合、その生成量が増え大変危険である。二酸化炭素の毒性は、それほど高くはないが、空気中の二酸化炭素濃度が3〜4%を超えると頭痛、めまい、吐き気などを催し、7%を超えると炭酸ガスナルコーシスのため数分で意識を失う。この状態が継続すると呼吸中枢の抑制のため呼吸が停止し死に至ることがある。また、ストレスや疲労等により、呼吸が速くなり過ぎると、人体の血中の二酸化炭素濃度が異常に低くなり、過換気症候群（過呼吸症候群）を引き起こすことがある。

一酸化炭素は空気中濃度が0.05%程度になると中毒症状が現れ、死に至ることがあるので注意が必要である。これは、血液中のヘモグロビンとの結合力が強く、酸素を体組織に運ぶことができなくなるためである。

2）温室効果

環境に及ぼす影響では、二酸化炭素は温室効果を示す気体として知られている。太陽から地球に届くエネルギーの放射は、主に可視光線であり、一部は反射吸収されるが、およそ半分が大気を透過して地表にまで達する。一方、地球から宇宙へ出ていく暖められたエネルギーは主に赤外線であり、赤外線は二酸化炭素などに吸収されやすく、大気は暖められ熱量を地球に保存する。このような仕組みで温度を保っていることから温室効果とよぶ（**図2-5**）。

温室効果がない場合、地表の平均気温はおよそ−18℃になるはずだが、実際の地表は平均15℃であり、その差33℃分が温室効果によるものと考えられ、温室効果は地球の気温を左右する重要な要素である。

18世紀に始まった産業革命以降の化石燃料（石炭、石油など）の使用量の増大に伴い、二酸化炭素をはじめとする温室効果ガスの大気中の濃度が増加を続けている。これによって、地球の平均気温が上昇しており、これが地球温暖化とよばれて

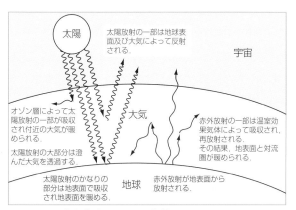

図2-5　二酸化炭素による温室効果（気象庁ホームページより）

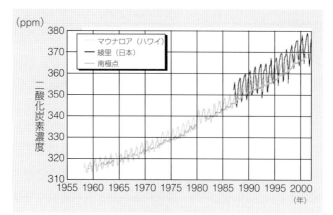

図2-6　**大気中の二酸化炭素濃度の経年変化**（気象庁：気候変動監視レポート 2002）

いる現象である.

　ハワイのマウナロア，日本の綾里，南極点における大気中の二酸化炭素濃度の経年変化（**図2-6**）をみると，南極点やマウナロアで観測が開始された1957年，大気中の二酸化炭素濃度はおよそ315ppmであったが，季節変化を繰り返しながら，その後，年々増加し，2000年の全球平均濃度は369.2ppmとなっている. 現在の濃度は産業革命（18世紀後半）以前の平均的な値である280ppmに比べて32％増加している. これにより，地球の平均気温がこの100年間に0.4〜0.8℃上昇した.

　特に1997年以降の気温の上昇が顕著で，このまま対策がなされなければ，100年後には，1.4〜5.8℃上昇すると予測される. また，海面水位も主として海水の熱膨張と氷河などの融解により9〜88 cm上昇すると予想される. 仮に海面が1 m上昇した場合，オランダで6％，バングラデシュで17.5％，マーシャル諸島のマフロ環礁で80％の土地が水没してしまい，日本でも国土の0.6％が水没の被害を受ける.

　温室効果ガスは二酸化炭素ばかりでなく，数種が大気中に極微量存在しており，1998年に制定された「地球温暖化対策の推進に関する法律」の中で，二酸化炭素，メタン，一酸化二窒素，代替フロン等の6種類のガスが温室効果ガスとして定められた. 実際に温室効果気体単位質量あたりの地上温度上昇効果は，二酸化炭素を基準値（地球温暖化係数，GWP）として表されている（**表2-3**）. また，大気中に放出された単位質量の物質がオゾン層に与える破壊効果は，クロロフルオロカーボン（CFC-11）を基準として算出したオゾン破壊係数（ODP）として表されている.

表2-3　温室効果ガスと地球温暖化係数

化合物		地球温暖化係数 （GWP 100）
二酸化炭素	CO_2	1
メタン	CH_4	23
一酸化二窒素	N_2O	296
ハイドロフルオロカーボン	HFC-23	12000
パーフルオロカーボン	PFC	12500
六フッ化硫黄	SF_6	3900
クロロフルオロカーボン *	CFC-11,12,113,114,115	8100（CFC-12）
ハイドロクロロフルオロカーボン *	HCFC-22	1500

地球温暖化係数（GWP）…二酸化炭素（CO_2）の温室効果を1としたときの温室効果の強さを表している．

* オゾン層を破壊するため段階的に削減が決まっているフロン類

過去の二酸化炭素濃度はどうして調べたのか

　氷床のボーリング・コアの空気を分析する方法が，近年めざましい成果をあげている．南極やグリーンランドには厚さが3000mにも達する氷の層が堆積し，年代順に重なっている．これをボーリングして取り出したものを氷床コアといい，この中に閉じ込められている気泡を取り出して年代順にそのときの大気成分を分析する．南極のサイプル基地で採った氷床コア気泡の分析により，過去240年間の二酸化炭素濃度の変化を知ることができ，1740年から1800年までは280ppmと一定値を示したが，1820年から徐々に増加していることがわかった．

（環境省ホームページより）

京都議定書

　「気候変動枠組条約」は，地球の温暖化の原因になる大気中の二酸化炭素やメタンなど温室効果ガスの濃度を安定化させることを目的にした条約である．1992年の地球環境サミットで発案され1994年に発効した．京都議定書(Kyoto Protocol)とは「気候変動枠組条約第3回締結国会議（COP3）」で採択された，二酸化炭素など六つの温室効果ガスの排出削減義務などを定める議定書のことで，この会議が1997年12月に京都で開催されたことからこうよばれている．

　先進国などに対して2008年～2012年の間（第1約束期間）に対し適用し，温室効果ガスを1990年比で一定数値を削減することを義務づけた．対象となる温室効果ガスとして，二酸化炭素・メタン・一酸化二窒素・HFCs（ハイドロフルオロカーボン類）・PFCs（パーフルオロカーボン類）・SF_6（六フッ化硫黄）の6種類を指定し，GWP（地球温暖化係数）を用いて二酸化炭素排出量に換算した．1990年の水準から先進国全体で少なくとも5%削減し，主要国の削減率は，日本6%，米国7%，EU8%，カナダ6%，ロシア0%などとなっている．

　また，国際的に協調して目標を達成するために，温室効果ガスの排出量の取引ができる仕組みなども導入した．さらに，植林等の吸収源活動による二酸化炭素の吸収増大量については，排出枠として初期割当量に加えることを可能とした．

　京都議定書が発効するには，条約参加国の55カ国以上，かつ全先進国の1990年二酸化炭素排出量の55%を占める先進国が批准することが必要であり，日本のほかEUなど125カ国・地域が批准，2004年11月，ロシアの批准によって米国抜きでも二酸化炭素の排出量が61%を超えるため，2005年2月に発効された．

3. 大気を汚染する気体

　大気は，私たち人間が生活していくうえでなくてはならないものである．その大気が，健康に害のある物質によって汚染されていると，人体にさまざまな影響を及ぼすことになる．これらの汚染物質の代表的なものとして，窒素酸化物（二酸化窒素など），硫黄酸化物（二酸化硫黄など），一酸化炭素，浮遊粒子状物質（煤じん・粉じん），光化学オキシダント，有機化合物（ベンゼン，トリクロロエチレン，テトラクロロエチレン，ダイオキシン類）などがあげられる．これらの汚染物質については，人の健康を保護する観点から環境基準が定められている．

　一方，有害性の低い二酸化炭素について環境基準は定められてないが，フロンガスによるオゾン層の破壊などとともに地球規模の環境問題となっている．

　大気汚染物質の濃度を表す単位として ppm（parts per million）や ppb（parts per billion）を用い，100万分の1を 1ppm，10億分の1の割合を ppb と表す．たとえば 1m^3 の大気中に 1cm^3 の物質が含まれている場合の濃度は 1ppm となる．

1）窒素酸化物

　窒素酸化物（NOx）は，窒素が高温で酸素と反応する場合に生成する．たとえば，工場，自動車などの交通機関のほか家庭の台所やストーブなど身近なところでも発生している．発生する種々の窒素酸化物をまとめて NOx と表すが，主に一酸化窒素（NO）と二酸化窒素（NO$_2$）をさす．発生源から排出される際には大部分が一酸化窒素であり，排出後に大気中に広がっていく過程で二酸化窒素に変化していく．

$$N_2 + O_2 \longrightarrow 2NO$$
$$2NO + O_2 \longrightarrow 2NO_2$$

　二酸化窒素（NO$_2$）は，呼吸器系の健康に悪影響を与える原因となるほか，長期間高い濃度にさらされることで感染症に対する抵抗性が弱くなるといわれている．一酸化窒素，二酸化窒素は，いずれも光化学スモッグや酸性雨の原因物質の一つである．二酸化窒素は，水に溶けやすく，容易に硝酸と亜硝酸に変わる．

$$2NO_2 + H_2O \longrightarrow \underset{\text{亜硝酸}}{HNO_2} + \underset{\text{硝酸}}{HNO_3}$$

2）硫黄酸化物

　硫黄酸化物（SOx）は，重油などの燃料に含まれている硫黄分が燃焼して発生するガスで，代表的なものには二酸化硫黄（SO$_2$，亜硫酸ガス）と三酸化硫黄（SO$_3$）がある．無色で刺激性が強く，呼吸器系統に影響を与えたり，植物を枯らす．硫黄酸化物は，「大気汚染防止法」に基づく総量規制や公害防止協定に基づく指導などにより着実に低減し，近年は，すべての測定局で環境基準を達成し，低濃度で推移している．二酸化硫黄は水，空気中の酸素による酸化を経て硫酸や亜硫酸となる．

$$2SO_2 + O_2 \longrightarrow 2SO_3$$
$$SO_2 + H_2O \longrightarrow H_2SO_3 \quad （亜硫酸）$$
$$SO_3 + H_2O \longrightarrow H_2SO_4 \quad 硫酸（硫酸ミスト）$$

　酸性雨は大気中の硫黄酸化物や窒素酸化物等より生成される上記の酸性物質を取

263-00521

り込んで強い酸性を呈する降雨のことである．現在では，霧や雪なども含めた「湿性沈着」だけでなく，晴れた日でも風に乗って沈着する粒子状やガス状の物質などの「乾性沈着」を合わせたものも酸性雨と定義されている．

酸性雨による影響として，土壌の酸性化による森林の衰退，湖沼の酸性化による陸水生態系への被害，銅像や大理石などの石造物等の文化財や建築物の損傷などが問題とされ，またこの問題は，原因物質が国境を越えて移動することから関係国が協力して取り組む必要があることも指摘されている．

3）オキシダント

オキシダント（Ox）は，大気中の窒素酸化物，炭化水素等が強い紫外線による光化学反応を起こして生成される酸化性物質の総称で，化学的には，中性ヨウ化カリウム溶液からヨウ素を遊離する物質である．オゾン，PAN（パーオキシアシルニトレイト RCO_3NO_2）などがオキシダントに含まれる．オキシダントは，強い刺激性があり，大気濃度が 0.12ppm 以上になると粘膜を刺激し，目，鼻，のどを痛めることがある．夏季の日差しが強く，風の弱い日に，オキシダントが高濃度になり，これが原因となり光化学スモッグが発生しやすくなる．

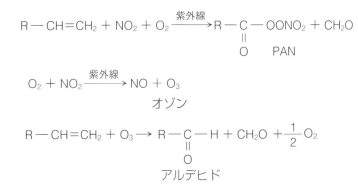

紫外線（Ultraviolet）

太陽光に含まれるため本文で示した反応のほか，皮膚に対しての発癌性が指摘されている．しかし，人体は，防御として色素のメラニンを分泌し，日焼けすることにより，紫外線の影響を押さえている．一方，紫外線が微生物のDNAに損傷を与え，微生物の増殖を抑え殺菌効果を示すため，医療施設や食品工場などの施設や道具の殺菌に使用されている．

4）フロン

フロンは，不燃性，熱に安定，物を溶かしやすい，圧力によって液化しやすいなどの特性をもっているばかりでなく，無味無臭，毒性が少ないなど多くの優れた性質をもっている．この性質を利用し，冷蔵庫，カーエアコンなどの冷凍機の冷媒，化粧品，殺虫剤などのスプレー製品の噴射剤，半導体，光学レンズなどの洗浄剤として利用されてきた（**表2-4**）．そのため，フロンは 20 世紀に生産された「最良の化学物質，夢の物質」ともよばれた．

フロンは日本では一般的にフロンまたはフロンガスとよばれているが，これは和製英語で，一般的にはフルオロカーボン類といい，メタンやエタンの水素原子がフッ素や塩素で置換されたものである．

冷媒，洗浄剤，発泡剤，噴霧剤などに多用されたフロンは，大気中に放出され，成層圏の強い紫外線を吸収して分解し，オゾンを大量に壊す塩素ラジカルを生成す

表2-4 主なフロンと用途

名称	分子式	沸点（℃）	用 途
CFC11	$CFCl_3$	23.7	ウレタンフォーム，冷蔵庫
CFC12	CF_2Cl_2	−29.8	冷蔵庫，エアコン，発泡剤
HCFC22	$CHClF_2$	−40	エアコン，エアゾール，発泡剤
CFC113	$C_2Cl_3F_3$	47.6	電子機器の洗浄，冷却剤
CFC114	$C_2Cl_2F_4$	3.6	冷却剤，発泡剤
CFC115	C_2ClF_5	−39.1	冷却剤，発泡剤
HCFC-123	CF_3CHCl_2	27.1	発泡剤
HCFC-225	$CF_3CF_2CHCl_2$	51.1	洗浄剤

CFCは塩素-フッ素-炭素の頭文字であり，水素を含む場合はHを加えHCFCとなる．これに続く数字は，それぞれ百位 -- 分子中の炭素数 -1，十位 -- 分子中の水素数 +1，一位 -- 分子中のフッ素の数を表している．

る．これにより，成層圏でオゾンが破壊され，有害紫外線が地球に降り注ぐことになり，人体への影響が危惧されている．

現在では，フロンの全廃が決まり，これに代わる代替フロンとして，数種の化学物質があげられ，それらの安全性の検討が行われている．

フロンには種々の種類があり，温室効果に与える影響度も少しずつ異なるが，表2-3からわかるように，二酸化炭素の10000倍の温度上昇効果がある．また，現在のフロンの代替品として用いられているハイドロフルオロカーボン（HFC）やハイドロクロロフルオロカーボン（HCFC）もかなりの温室効果があり，オゾン層を破壊するばかりでなく地球の温暖化にも関係している．

3 気体を使う（医療，生活への応用）

到達目標

1 発生期の酸素，オゾンの殺菌作用を説明する．

2 笑気の作用と吸入鎮静法を説明する．

1. 酸素とオゾンの殺菌性

1）発生期の酸素の作用

酸素は乾燥空気の体積の21%を占め，生物が生きるために必要な気体である．生物は呼吸により酸素を取り込み，二酸化炭素を放出し，また植物は光合成により二酸化炭素を取り込み，酸素を放出するといった循環のサイクルが成り立っている．

酸素は容易にほかの元素と化合して酸化物を生成する．また反応時に熱量を発生することから，その反応による熱量を生活に利用している．

$$H_2O_2 \xrightarrow{MnO_2} H_2O + O\bullet$$

過酸化水素水の水溶液に触媒として二酸化マンガンを作用させることにより，酸素を生成させることができる．このとき発生するラジカル酸素（O：発生期の酸素）

263-00521

が強い酸化力をもっており，有機物，無機物を強力に酸化し，殺菌，脱臭，漂白など有害化学物質の分解などの作用を示す．しかし，ラジカル酸素（O）は大変不安定ですぐに酸素分子に変化する．

過酸化水素水の約 3%水溶液はオキシドールとよばれ，消毒剤として傷口の消毒に用いられる．歯科領域では抜歯窩，根管，歯石除去後の歯頸部の洗浄などの目的で用いられるが，これは，血液や組織中のパーオキシダーゼが触媒となり，患部で分解し，ラジカル酸素（O）による殺菌効果，また発生する酸素の気泡によって付着物の除去作用を示すためである．

一方，ラジカル酸素の漂白作用に注目し，歯のホワイトニング（歯の内部の黄ばみを取る）の目的で過酸化水素や過酸化尿素が用いられている．高濃度の過酸化水素水のほうが短時間で効果を得られるため，ホワイトニングには 30 〜 35%程度の過酸化水素水を使用する．また歯の表面で長時間作用するように増粘剤としてシリカやグリセリンなど，また触媒としては酸化チタン等を使用する．最近では pH 値を口腔内に近づけることによって刺激性を抑えた製品も市販されているが，歯ぐきが腫れている場合や，歯肉炎や歯周炎がみられる場合には薬剤の刺激により症状が悪化することがあるため，使用には注意が必要である．

2）オゾン

オゾン（ozone，O_3）は，酸素の同素体で空気より重い気体である．非常に不安定な物質で，次第に分解して酸素（O_2）に戻る．過酸化水素の分解のときと同様にラジカル酸素（O）が発生し，殺菌，脱臭，漂白などの作用を示す．強い酸化力をもっており，酸化力は，フッ素につぐ強さを示す．

ギリシア語で「臭う」という意味が語源で，わずかに青くさいにおいがする．

$$O_3 \longrightarrow O_2 + O\bullet$$

ラジカル酸素
（強い酸化力で他の物質を酸化する）

オゾンによる殺菌は「溶菌」とよばれ，細菌の細胞壁を分解し細胞内の成分が外に漏れ出すため細菌は死滅する．また，細菌より小さなウイルスも不活性化するが，主な原因は RNA（リボ核酸）を損傷するためといわれている．

オゾン濃度を高めるとオゾン臭が気になる場合や粘膜を傷つけたり，頭痛がするといったケースが発生することがある．

また，オゾンは空気中にも存在する物質で，地上 25km 上空にあるオゾン層は濃度が 10 〜 20ppm ほどあり，有害な紫外線を吸収している．一方，地上でも 海岸や森林地帯では濃度が 0.03 〜 0.05ppm ぐらいのところもある．

2. 笑気（一酸化二窒素）と吸入鎮静法

笑気とは，一酸化二窒素（N_2O）のことで，1998 年に制定された「地球温暖化対策の推進に関する法律」の中で，温室効果ガスとしてあげられている．石油化学製品を製造するときに発生し，温室効果は二酸化炭素の 310 倍である．

　　少し甘い香りをもち，全身麻酔に使用される麻酔ガスの一種でもあるが，歯科治療で用いられる吸入鎮静法は全身麻酔ではない．

　　吸入鎮静法では，全身麻酔に使用するときのような高濃度ではなく，20 〜 30%の低濃度で行うことから，意識を消失することはない．また，笑気とともに 70 〜 80%という高濃度の酸素を吸入するため安全に治療が行え，恐怖心や不安感が薄れ，痛みを感じにくくする効果がある．副作用もほとんどなく，吸うとすぐに効果が現れ，止めるとすぐに回復するため安全である．

　　小児や歯の治療に不安感，恐怖心，不快感を抱いている人，有病者（心疾患，高血圧，ショック既往歴をもつ方）など，治療中のストレスを軽減すべき人などの治療に効果がある．

●章末問題 ——————————————————— Exercise ●

(1)　0℃，1 気圧で 280ml の気体がある．この気体について，次の①〜③を求めなさい．ただし，アボガドロ定数は $6.0×10^{23}$ / mol，原子量 O = 16.0 とする．

　①この気体中の分子の数は何個ですか．

　②この気体が酸素であるとすると，質量はどれだけですか．

　③この気体の質量が 0.55g とすると，分子量はどれだけですか．また，なんという気体でしょうか．

(2)　27℃，0.50 気圧で 2.0l の気体は，0℃，1.0 気圧で何 l を占めますか．

(3)　0℃，1 気圧で 2.0l の二酸化炭素と 0℃，2.0 気圧で 3.0l の窒素を，0℃で 4.0l の容器に入れたとき，二酸化炭素と窒素の各気体の分圧はどれだけですか．また，この混合気体の全圧はどれだけですか．

(4)　ある温度で，1 気圧では 1.0l の水に窒素は 22.4ml 溶ける．同じ温度で，3 気圧のもとでは 1.0l の水に何 g の窒素が溶けますか．（ただし，窒素の原子量は 14 とする）．

(5)　大気の主な成分の組成をあげ，それぞれの気体の特徴を説明しなさい．

(6)　二酸化炭素による温室効果を説明しなさい．

(7)　大気を汚染する物質をあげ，説明しなさい．

(8)　酸素ラジカルの作用を説明しなさい．

263-00521

物質が水に溶けるとは

3 物質が水に溶けるとは

　水にはいろいろな物質を溶かすという性質がある．ヒトの体重のおよそ60%は水で，吸収された栄養素は水に溶け，末梢組織へ輸送される．また，私たちの身のまわりにもさまざまな水溶液が存在する．物質が水に溶けるとはどういうことをいうのだろうか．水溶液中に溶けている物質の濃さはどのように表すのだろうか．水溶液はどのような性質をもっているのだろうか．

1 水溶液の濃さの表し方

> **到達目標**
>
> **1** 砂糖水を例にとり，溶質・溶媒・溶液を説明する．
> **2** 砂糖水を例にとり，物質が水に溶ける仕組みを概説する．
> **3** -**❶** 質量%濃度を計算する．
> 　　-**❷** 質量対容量%濃度を計算する．
> 　　-**❸** ppm を計算する．
> 　　-**❹** g, mg, μg の単位の変換をする．
> 　　-**❺** モル濃度を計算する．
> **4** -**❶** %濃度を ppm に変換する．
> 　　-**❷** 質量対容量%濃度溶液の希釈をする．

1. 水溶液とは何か

　溶液とは物質が液体に溶けたものをいう．このとき，溶けている物質を溶質，溶かしている液体を溶媒，溶質が溶媒に溶けた液全体を溶液という．水を溶媒としている溶液を，とくに水溶液という．また，物質がエタノールに溶けていれば，エタノール溶液という．砂糖水でたとえると，砂糖が溶質，水が溶媒，砂糖水が溶液になる（**図 3-1**）．

　溶液に溶ける物質は固体でなく，液体や気体でもよい．炭酸水は水に二酸化炭素（CO_2）が溶けたものである．塩酸は水に塩化水素（HCl）という気体を溶かしたものである．また，水にアンモニア NH_3 を溶かしたものをアンモニア水とよんでいる．

263-00521

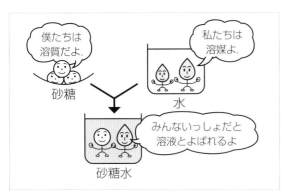

図 3-1　溶質・溶媒・溶液の関係

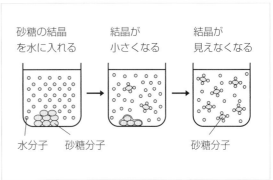

図 3-2　溶解の粒子モデル
砂糖分子に水分子が結合して水和する

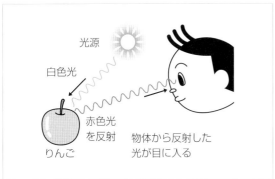

図 3-3　物体の見え方

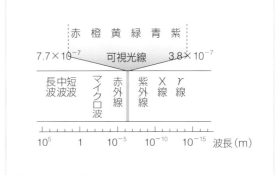

図 3-4　光の仲間

2.　物質が水に溶ける仕組み

　　　砂糖の結晶を水に入れるとどうなるだろうか．大きかった砂糖の結晶は，しだい
に小さくなり，ついに溶液は透明になり，砂糖は見えなくなる．砂糖はなくなって
しまったのだろうか．砂糖が見えなくなったのは，分子間力でくっついていた砂糖
分子が水分子の働きで1個ずつバラバラにされてしまったためである．このとき，
砂糖分子は水分子にとり囲まれている（これを水和という）．このように，物質が
水の中で目に見えない分子やイオンの粒子になることを溶解という．また，砂糖水
の中で，砂糖分子や水分子は自由に動きまわっているため，砂糖水のどこをどれだ
けとっても，濃さ（濃度）は同じである（**図3-2**）．

　　　ところで，物体が見えるのはなぜだろうか．私たちは，全く光のない暗やみでは
物体を見ることができない．物体が見えるためには光が必要で，太陽や電灯などの
光源から出た光が物体にあたり，はね返った光（可視光線）が目に入らなければな
らない（**図3-3**）．分子やイオンの大きさは，およそ0.1nm（ナノメートル，1nm
は10億分の1メートル）で可視光線の波長（380〜770nm）よりもはるかに小
さいため，光は素通りしてしまう（**図3-4**）．そのため，私たちの目には分子やイ
オンは見えない．

263-00521

1　水溶液の濃さの表し方　43

歯垢染色剤はなぜ赤く見えるのか

　歯ブラシ指導でよく使われる歯垢染色剤にフロキシンや中性紅（タール系の色素）がある．赤色の溶液だが，なぜ，私たちの目には赤く見えるのだろうか．太陽光線は無色の光だが，プリズムを通すと赤から紫までの虹色に分かれる．この赤から紫までの光は目で見えるので，可視光線という．可視光線の基本は光の三原色で，RGB（赤 Red，緑 Green，青 Blue）である．歯垢染色剤が赤く見えるのは，赤以外の光（青と緑，これを補色という）が溶液に吸収され，赤の光だけが反射して私たちの目にとびこむためである．同様に，ホウレン草が青緑に見えるのは，赤の光を吸収し，青と緑の光を反射するためである．

3.　濃度の表し方

　歯科衛生士が取り扱う薬品の多くは溶液である．溶液の濃さを表すのにパーセント濃度，ppm，モル濃度が用いられる（**図 3-5**）．フッ化物洗口剤や消毒剤など，濃度が薄すぎると薬効は期待できず，濃すぎると副作用，経済性，環境汚染の問題が出てくる．

$$1g/l＝0.1w/v\%$$
$$1mg/l≒1ppm$$

いろいろあって，
こんがらがりそうだけど，
がんばって覚えなくっちゃ

図 3-5　濃度の表し方

1）大きい数や小さい数を表す接頭語（表 3-1）

　化学では，多量あるいは微量の物質を取り扱うとき，大きい数や小さい数を簡略に表すための接頭語を単位につけて用いる．たとえば，km（キロメートル）では，k（キロ）が接頭語，m（メートル）は長さの単位である．

表 3-1　SI 接頭語（10 の整数乗倍を表す接頭語）

大きさ	記号	名称
10^{18}	E	エクサ（exa）
10^{15}	P	ペタ（peta）
10^{12}	T	テラ（tera）
10^{9}	G	ギガ（giga）
10^{6}	M	メガ（mega）
10^{3}	k	キロ（kilo）
10^{2}	h	ヘクト（hecto）
10^{1}	da	デカ（deca）
10^{-1}	d	デシ（deci）
10^{-2}	c	センチ（centi）
10^{-3}	m	ミリ（milli）
10^{-6}	μ	マイクロ（micro）
10^{-9}	n	ナノ（nano）
10^{-12}	p	ピコ（pico）
10^{-15}	f	フェムト（femto）
10^{-18}	a	アト（atto）

263-00521

（例題 1）0.05 g は何 mg か．また，何 μg か．

（考え方）x mg，yμg とする．

1 g = 1000 mg = 1000000 μg より，

1：1000 = 0.05：x　　x = 50

また，1：1000000 = 0.05：y　　y = 50,000

答．50 mg．50000 μg

2）パーセント（%）濃度

図 3-6 の薬品の三つのラベルを比較してみよう．塩酸には 35.0%，消毒用エタノールには 70.0 vol%，オキシドールには 3.0 w／v% と表示されている．これらの数字は溶液の濃さを表している．単位はいずれもパーセントであるが，%，vol%，w／v% の違いは何だろうか．

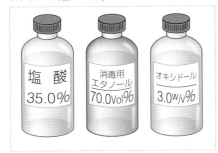

図 3-6　パーセント濃度の仲間たち

⑴　塩酸の濃度表示

塩酸のラベルにある 35.0% は質量パーセント濃度を表している．w／w% と書くこともあるが，単に % だけで表示することが多い．35.0% とは，塩酸（溶液）100 g の中に塩化水素（溶質）が 35.0 g 溶けていることを意味する（図 3-7）．

なお，「w」は weight（質量）の略である．

$$質量パーセント濃度（%）= \frac{溶質の質量（g）}{溶液の質量（g）} \times 100 \qquad (i)$$

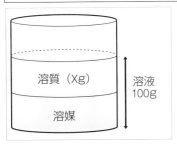

図 3-7　質量パーセント濃度（%）
溶液 100 g 中に溶質 x g が溶けていれば X% となる

（例題 2）砂糖 50 g を水 450 g に溶かすと，何 % の砂糖水になるか．

（考え方）砂糖水の濃度を X% とする．

(i) 式より

$$X = \frac{50}{50+450} \times 100 \qquad X = 10 \qquad\qquad \text{答.} \ 10\%$$

（例題 3）5%食塩水 200 g には何 g の食塩が溶けているか.

（考え方）溶けている食塩を X g とする.

（i）式より

$$5 = \frac{X}{200} \times 100 \qquad X = 10 \qquad\qquad \text{答.} \ 10g$$

⑵ 消毒用エタノールの濃度表示

消毒用エタノールのラベルにある 70.0 vol%は容量パーセント濃度を表している. 70.0 vol%とは,消毒用エタノール液（溶液）100 ml の中にエタノール（溶質）が 70.0 ml 含まれることを意味する（**図 3-8**）. エタノールの含量が水よりも多いため,水のエタノール溶液ともいえる.

なお,「vol」は volume（容量）の略である.

歯科衛生士が取り扱う薬品では,消毒剤のイソプロパノール液などに同様の表示が使われている.

$$\text{容量パーセント濃度（vol\%）} = \frac{\text{溶質の容量（m}l\text{）}}{\text{溶液の容量（m}l\text{）}} \times 100$$

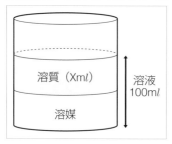

図 3-8 容量パーセント濃度（vol%）
溶液 100 ml 中に溶質 Xml が溶けていれば Xvol%となる

⑶ オキシドールの濃度表示

オキシドールのラベルにある 3.0 w/v%は質量対容量パーセント濃度を表す. オキシドールは過酸化水素（H_2O_2）水溶液のことである. 3.0 w/v%とは,水溶液 100 ml の中に過酸化水素（H_2O_2）（溶質）が 3.0 g 溶けていることを意味する（**図 3-9**）.

なお,「v」は volume（容量）の略である.

歯科衛生士が取り扱う薬品では,グルコン酸クロルヘキシジン液（販売名；ヒビテン,マスキン,ステリクロン,ヘキザックなど）,塩化ベンザルコニウム液（販売名；ウエルパス,オスバン,ジアミトールなど）,ポビドンヨード液（販売名；イソジンなど）,塩化ベンゼトニウム液（販売名；ハイアミンなど）,次亜塩素酸ナトリウム液（販売名；ネオクリーナー,ハイポライト,テキサント,ピューラック

$$質量対容量パーセント濃度（w/v\%）＝\frac{溶質の質量（g）}{溶液の容量（ml）}×100 \qquad (ii)$$

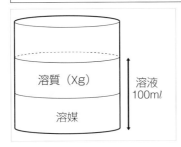

図3-9　質量対容量パーセント濃度（w/v%）
溶液100ml中に溶質Xgが溶けていればXw/v%となる

ス，ミルトン，ハイター，ブリーチなど），グルタール液（販売名；ステリハイドなど）などの消毒剤，小児歯科領域でう蝕の進行止めとして使われるフッ化ジアンミン銀液（販売名；サホライド），さらにフッ化物塗布やフッ化物洗口に使われるフッ化ナトリウム溶液（販売名；ミラノール，オラブリス）など，数多くの薬品でこの濃度表示が使われている．

（例題4）ミラノール1g（フッ化ナトリウムNaFを110mg含む）を水に溶かして全量を200mlとした．この溶液のフッ化ナトリウム（NaF）濃度は何w/v%か．
（考え方）NaF濃度をXw/v%とする．
　ミラノール溶液200mlにはフッ化ナトリウム（NaF）が110mg溶けている．
　また，1g＝1000mgであるから，110mg＝0.11g
（ii）式より

$$X＝\frac{0.11}{200}×100 \qquad X＝0.055 \qquad\qquad 答．0.055w/v\%$$

3）百万分率（ppm）

　全体を100としたとき，その中に占める割合を表したのが%（パーセント）であった．それと同様に，全体を100万としたとき，その中に占める割合をppmという（**図3-10**）．

　ppmはpart（s）（一部分），per（につき），million（100万）の略で，ピー・ピー・エムとよむ．環境汚染物質などの微量物質の濃度を表すときにしばしば用いられる濃度の単位である．

　歯科衛生士が取り扱う薬品では，フッ化物塗布（洗口）剤や歯磨剤などのフッ素（F）濃度の表示や次亜塩素酸ナトリウム（NaOCl）液の濃度表示に使われている．

　1ppmとは，1000gの水溶液に1mg（0.001g）の物質が溶けていることをいう．わかりやすくたとえると，風呂桶の水（500kg）に砂糖を一つまみ（0.5g）を溶かしたときの濃度である．ppmの算出では，水溶液の濃度が非常に薄いため水溶液の密度を1g/mlと仮定して計算できる．

密度とは
物質の体積1cm³あたりの質量を密度という．密度＝質量（g）÷体積（cm³）の関係が成立する．
1cm³＝1ml

$$1ppm = \frac{溶質0.001g}{溶液1000g} ≒ \frac{溶質1mg}{溶液1000ml} = \frac{溶質1mg}{溶液1l} \quad \text{(iii)}$$

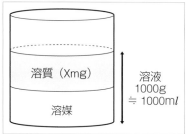

図 3-10　百万分率（ppm）
溶液 1000g（または 1000ml）中に溶質 Xmg が溶けていれば Xppm となる

（例題 5）歯磨剤 1.0mg 中にフッ素（F）が 1.0mg 含まれている．この歯磨剤のフッ素（F）の濃度は何 ppm か．

（考え方）フッ素（F）の濃度を Xppm とする．

(iii) 式より

$$Xppm = \frac{Xmg}{1000g} = \frac{1.0mg}{1.0g} \qquad X = 1000$$

答．　1000ppm

（例題 6）50ppm のフッ化ナトリウム（NaF）水溶液がある．この水溶液 100ml 中にはフッ化ナトリウム（NaF）が何 mg 含まれるか．

（考え方）100ml 中に NaF が Xmg 含まれるとする．また，水 1ml は 1g である．

(iii) 式より

$$50ppm = \frac{50mg}{1000ml} = \frac{Xmg}{100ml} \qquad X = 5$$

答．　5mg

（例題 7）200mg のフッ化ナトリウム（NaF）を水に溶かして全量を 200ml とした．この水溶液のフッ化物イオン（F⁻）濃度は何 ppm か．なお，F の原子量は 19，Na の原子量は 23 である．

（考え方）フッ素（F）の濃度を Xppm とする．

NaF の式量＝ Na の原子量＋ F の原子量＝ 23 + 19 = 42

フッ化ナトリウム（NaF）200mg に含まれるフッ素（F）の量は次式で求められる．

$$200mg × \frac{F}{NaF} = 200 × \frac{19}{42} = 90mg$$

(iii) 式より

$$\frac{90mg}{200ml} = \frac{Xmg}{1000ml} \qquad X = 450$$

答．　450 ppm

4）モル濃度（mol/l）

　モル（物質量，mol）は「個数で考える」単位で，粒子（原子，分子，イオン）を 6.02×10²³ 個（アボガドロ数）集めた集団を 1 モル（mol）という（**図 3-11**）．

263-00521

また，物質 1 モル（mol）の質量（モル質量という）は，原子量，分子量，式量にグラム（g）をつければよい．

モル濃度は，溶液 1 リットル（l）に溶けている溶質の物質量（モル，mol）を表し，mol／l（モル・パー・リットルとよむ），または M と表示する.

溶質の質量（g）÷モル質量（g／mol）＝物質量（mol）　　　（iv）

物質量（mol）÷溶液の体積（l）＝モル濃度（mol／l）　　　（v）

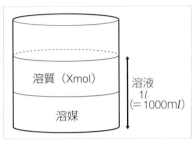

図 3-11　モル濃度（mol／l）
溶液 1l 中に溶質 Xmol が溶けていれば Xmol／l となる

モルは化学でよく使われるが，その理由は化学反応を考えるときに便利なことによる．たとえば，A と B が反応して C ができる反応を考えてみよう.

$$A \ + \ B \ \longrightarrow \ 2C$$

この化学反応式は，A1 個と B1 個が反応して C が 2 個できることを意味する．つまり，A，B，C の数の比は 1：1：2 であり，モルは個数の単位であるから，A，B，C のモル比も 1：1：2 となる．したがって，C を 10 モルつくるためには，A と B をそれぞれ 5 モル準備すればよい．

（例題 8）0.1mol／l の水酸化ナトリウム（NaOH）水溶液 200ml 中には水酸化ナトリウム（NaOH）が何モル（mol）含まれるか．
（考え方）（NaOH）の物質量を Xmol とする．
　200ml ＝ 0.2l
（v）式より，X÷0.2 ＝ 0.1　　　X ＝ 0.02　　　　　　　　答．0.02mol

（例題 9）食塩（NaCl）11.7g を水に溶かし，全量を 500ml とした．この食塩水のモル濃度は何 mol／l か．Na の原子量は 23，Cl の原子量は 35.5 である．
（考え方）食塩水のモル濃度を Xmol／l とする．
　NaCl の式量＝Na の原子量＋Cl の原子量＝ 23 ＋ 35.5 ＝ 58.5
　使用した食塩（NaCl）の物質量（モル，mol）を（iv）式より求めると，
　11.7（g）÷58.5（g／mol）＝0.2（mol）となる．
　また，500ml ＝ 0.5l
（v）式より，X＝0.2÷0.5＝0.4　　　　　　　　　　答．　0.4mol／l

4. 濃度の計算

1）％と ppm の変換

1%は何 ppm になるだろうか．1% ＝ Xppm とおくと，

$$1\% = \frac{1}{100} = \frac{X}{1000000}$$

X ＝ 10000

したがって，1% ＝ 10000ppm となる．

では，1ppm は何％になるだろうか．1ppm ＝ Y％とおくと，

$$1ppm = \frac{1}{1000000} = \frac{Y}{100}$$

Y ＝ 0.0001

したがって，1ppm ＝ 0.0001％となる．

（例題 10）0.2％フッ化ナトリウム（NaF）水溶液中のフッ化物イオン（F⁻）濃度は何 ppm か．F の原子量は 19，Na の原子量は 23 である．

（考え方）1% ＝ 10000ppm．よって 0.2% ＝ 2000ppm

NaF の式量 ＝ Na の原子量＋ F の原子量 ＝ 23 ＋ 19 ＝ 42

フッ化ナトリウム（NaF）水溶液に含まれるフッ化物イオン（F⁻）の濃度は，次式で計算できる．

$$2000 \times \frac{F}{NaF} = 2000 \times \frac{19}{42} = 905$$

答．905 ppm

2）希釈液のつくり方

消毒剤やフッ化物塗布液を用時調製することの多い歯科衛生士にとって，希釈液のつくり方は，必ずマスターしておきたい技法の一つである．通常，高濃度の保存液を水で薄める．

ここでは，歯科衛生士がよく用いる濃度である w／v％を例にあげて説明する．

一般に，希釈液をつくるとき，溶液を n 倍に希釈すると濃度は 1／n になることを覚えておくとよい．また，希釈液をつくるときには，次の式を用いると便利である（ppm（mg／*l*）やモル濃度（mol／*l*）でも使える）．

（希釈前の濃度）×（希釈前の容量）＝（希釈後の濃度）×（希釈後の容量）　　（vi）

（注意：式の両辺で濃度と容量は同一の単位を用いること）

（例題 11）10w／v％の食塩水を 2 倍に希釈すると濃度はいくらになるか．

（考え方）2 倍に希釈すると容量は 2 倍になり，濃度は 1／2 になる．答．5w／v％

263-00521

（例題12）10w/v％の食塩水を使って1w/v％の食塩水を200mlつくりたい. 10w/v％食塩水を何ml使えばよいか.

（考え方）10w/v％食塩水をYml使うとする.

（ⅵ）式より

10（w/v％）×Y（ml）＝1（w/v％）×200（ml）   Y＝20   答. 20ml

1.0mol/lの食塩水を希釈して0.10mol/lの食塩水を100mlつくるにはどうすればよいのだろうか. 濃度が1/10になるので10倍に希釈すればよい. 二通りの方法が考えられるが，目的に応じて使い分けるとよい.

(1) 正確な濃度の溶液をつくりたいとき

100mlのメスフラスコに1.0mol/l食塩水を10.0ml入れ（ホールピペットまたはメスピペットを用いる），さらに，水を徐々に加えていき，メスフラスコの標線（100ml）まで水を加える（これをメスアップという. 図3-12，13）.

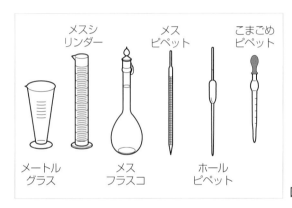

（注）
容量器具には，左図のようなものがあり，目的に合わせて適するものを選ぶ. メスフラスコは，正確な濃度の溶液をつくるのに用いる. ホールピペットは，一定体積の液体を取り出すのに用いる. メートルグラス，メスシリンダー，メスピペットの精度は，メスフラスコやホールピペットより劣る. こまごめピペットは，液体のおよその量をはかりとるのに用いられる.

図3-12　体積の測定器具

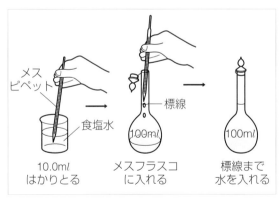

（注）
有害物質を取り扱うときは安全ピペッターを使う.

図3-13　正確な希釈度のつくり方

(2) 簡便な希釈液のつくり方

1.0mol/l食塩水10mlと水90mlを，それぞれメスシリンダー（またはメートルグラス）ではかりとり，混合する. 消毒剤のように，濃度がある範囲内にあれば効果が期待できる場合には，それほど高い精度を必要としないので，この方法が適している（図3-14）.

263-00521

1　水溶液の濃さの表し方 | 51

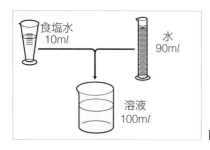

図3-14　簡便な希釈液のつくり方

（例題13）5w/v％グルコン酸クロルヘキシジン液を水で薄めて，0.05w/v％の希釈液を1ℓ（1000mℓ）つくるにはどうすればよいか．

（考え方）グルコン酸クロルヘキシジン液は消毒剤であり，その希釈には，化学定量実験のような精度を必要としない．グルコン酸クロルヘキシジン液の濃度は100倍に希釈されるので，グルコン酸クロルヘキシジン液と水を1：99の割合で混合すればよい．したがって，5％グルコン酸クロルヘキシジン液10mℓと水990mℓを，それぞれメートルグラスとメスシリンダーではかりとり，混合すればよい．

また，（vi）式を使って5％グルコン酸クロルヘキシジンの使用量（Ymℓ）を算出してもよい．

5（w/v％）×Y（mℓ）＝0.05（w/v％）×1000（mℓ）　Y＝10（mℓ）　　　答．10mℓ

コラム

1＋1＝2?

　水1mℓとアルコール1mℓを混合すると2mℓになるだろうか．実は，2mℓより少なくなる．これは，大豆100mℓと米粒10mℓを混ぜたとき，大豆のすき間に米粒が入り込むため，体積は110mℓにならないのとよく似ている．50v/v％のアルコール溶液を200mℓつくるとき，アルコールと水を100mℓずつ混ぜてもその濃度は50v/v％にならない．そのため，正確な濃度の溶液をつくりたいときには，メスフラスコを用い，アルコール100mℓに水を加えて200mℓにするのが正しい．アルコールや濃硫酸など濃度の高い溶液の希釈の場合には，このようなことが起こるので，特に注意が必要である．

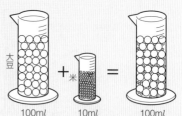

大豆100mℓと米10mℓを混ぜてもすき間に入り込み，110mℓにならない．

263-00521

希薄水溶液の示す不思議な性質

到達目標

1 汗でぬれたＴシャツが水道水でぬれたＴシャツより乾きにくい現象を例にとり，蒸気圧降下を概説する.

2 富士山頂では水が100℃以下で沸騰する現象を例にとり，蒸気圧，大気圧，沸騰の関係を概説する.

3 冬，雪道に塩をまくと雪が融ける現象を例にとり，凝固点降下を概説する.

4 赤血球の溶血を例にとり，浸透圧を概説する.

冬，雪道に塩をまく光景を見たことはないだろうか. また，青菜に塩をかけるとしんなりしたり，スポーツの後，汗でびっしょりぬれたＴシャツが乾きにくかったりした経験はないだろうか. 一見，関連性がなさそうにみえるこれらの現象は，溶媒が２相間（相とは固体・液体・気体のこと）を移動する速度の違いによって引き起こされている. これらの現象の共通点は塩の存在と考えるかもしれないが，砂糖でも同じ現象が起こり，溶質の性質には関係せず，溶質粒子の数にのみ依存する. その仕組みとはどういうものだろうか.

1. 蒸気圧降下

水蒸気

物質は固体・液体・気体の三つの状態をとる. これを物質の三態（三相ともいう）という. 水の三態は氷（固体），水（液体），水蒸気（気体）である. 物質を構成する粒子は常に不規則な運動をしており，これを熱運動という. 分子の熱運動は，氷では小さく，水では大きくなるが，水蒸気ではきわめて大きくなり，分子は空間内を自由に運動している.

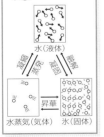

汗でぬれたＴシャツは，水道水でぬれたＴシャツよりも乾きにくい. これは，水溶液（汗）のほうが溶媒（水）よりも蒸気圧が小さく，蒸発しにくいためである. これを蒸気圧降下という. 蒸気圧降下は，なぜ起こるのだろうか.

1）飽和蒸気圧

水たまりの水はやがて蒸発してなくなるが，これは生じた水蒸気が大気中に拡散するためである. しかし，ふたをした容器の中の水はなくならない. では，容器の中の水はどうなるのだろうか.

図 3-15 に示すように，はじめは，水から水蒸気への変化（蒸発）のみが起こる. やがて，水蒸気から水への変化（凝縮）も起こりはじめ，蒸発の速度と凝縮の速度が同じになり，見かけ上，蒸発も凝縮も起こっていない状態となる（この状態を気液平衡という）.

水蒸気となった水分子は，１個ずつばらばらで激しく熱運動し，容器の壁に衝突し，圧力を生じる. これが飽和蒸気圧（または，単に蒸気圧という）である. また，熱運動は温度が高いほど激しくなるため，飽和蒸気圧は温度が高いほど大きくなる.

2）蒸気圧降下の仕組み

この容器の水に蒸発しない物質（たとえば砂糖）を溶かすと蒸気圧はどう変化するだろうか. **図 3-16** のように，水分子が砂糖分子で置き換えられるため，蒸発の

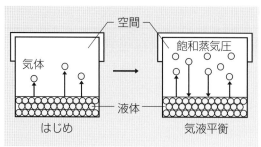

図3-15　気液平衡

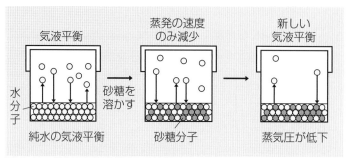

図3-16　蒸気圧降下が起こる仕組み

速度が低下する．凝縮の速度は変わらないので，水蒸気が減少し，飽和蒸気圧は小さくなる．

2.　沸点上昇

1）沸騰とは

　鍋に水を入れて加熱すると，水の内部から泡が盛んに出はじめる．水が液体としていられなくなり，液体の表面と内部から，気体（水蒸気）となって飛び出すためである．この現象を沸騰という．また，沸騰する温度を沸点という．

　水が液体または気体のどちらの状態をとるかは，水蒸気になって飛び出そうとする圧力（飽和蒸気圧）と気泡をつぶす圧力（大気圧）のバランスで決まる．

> 飽和蒸気圧＞大気圧　➡　気体
> 飽和蒸気圧＝大気圧　➡　液体と気体が共存，沸騰
> 飽和蒸気圧＜大気圧　➡　液体

　図3-17 に液体の蒸気圧と温度の関係を示した．水は大気圧（1気圧）のもとでは飽和蒸気圧が1気圧に達すると沸騰するので，水の沸点は100℃であることがわかる．

大気圧

　私たちは，ふだん空気の重さを感じないが，空気には1ℓあたり約1.3gの重さがある．地球上の空気の層は約10kmあるので，地表付近では1cm²あたり1kgの圧力がかかる．これを大気圧といい，海面での大気圧を1気圧または1atmと表す．1atm＝1013hPa（ヘクトパスカル）＝760mmHg

（例題14）**図3-17** の蒸気圧曲線について，次の問いに答えなさい．

(1)　最も沸点の低い物質はどれか．

(2)　1気圧において，ジエチルエーテルとエタノールの沸点はそれぞれ何℃か．

（考え方）

(1)同温の飽和蒸気圧が最も大きい物質を選べばよい．　　答．ジエチルエーテル

(2)沸点は飽和蒸気圧が大気圧（1 気圧）となる温度のことである．

答．ジエチルエーテルは 34℃，エタノールは 78℃

2）沸点上昇の仕組み

　大気圧（1 気圧）のもとでは，飽和蒸気圧が 1 気圧に達すると沸騰が起こる（**図 3-18**）．すでに 1. 2）で説明したように，水溶液の飽和蒸気圧は純水より低い．したがって，水溶液と純水の飽和蒸気圧を 1 気圧にするには，水溶液の温度を上げなければならない．つまり，水溶液の沸点は純水よりも上昇する（**図 3-19**）．

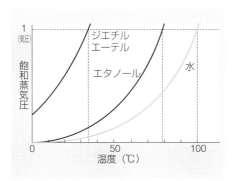

図 3-17　**蒸気圧曲線**

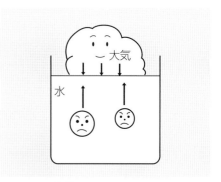

図 3-18　**沸騰**
飽和蒸気圧＝大気圧のときに沸騰する

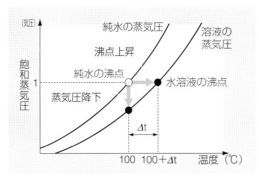

図 3-19　**蒸気圧降下と沸点上昇**

コ ラ ム

富士山頂の山小屋で米を炊くとどうなるか？

　富士山頂の気圧は，平地（1 気圧）の約 2/3 と低いため，水が 85℃前後で沸騰する．そのため，富士山頂の山小屋で米を炊くと生煮えになってしまう．そこで，富士山頂の山小屋では，食事をつくるのに圧力釜を使う．圧力釜はふたが固定されているので，内部の圧力が高くなる．そのため，通常の鍋より沸点が高くなり，食品が生煮えにならない．

3. 凝固点降下

1）凝固点とは

　物質が液体から固体に変わることを凝固，凝固が起こる温度を凝固点という．また，物質が固体から液体に変わることを融解，融解が起こる温度を融点という．

　たとえば，水の凝固点は 0℃であり，氷の融点も 0℃である．したがって，0℃では，水から氷になる凝固の速度と氷から水になる融解の速度がつり合った状態になっている．そのため，氷水では氷がすべて融けるまで水温は 0℃のまま保たれる．

2）凝固点降下が起こる仕組み

　海水は真水よりも凍りにくい．これは海水では凝固点降下が起こることによる．凝固点降下はなぜ起こるのだろうか．

　蒸気圧降下では液体（水）と気体（水蒸気）の二つの状態間で起こる水分子の動きを考えたが，ここでは液体（水）と固体（氷）の間で起こる水分子の動きを考えなければならない．

　図 3-20 に示すように，純水は 0℃で水から氷になる凝固の速度と氷から水になる融解の速度がつり合った状態になっている．この中に砂糖を入れて砂糖水にすると，砂糖水中の水分子が砂糖分子で置き換えられるため，凝固の速度のみが低下する（融解の速度は変化しない）．その結果，0℃では氷は融けてしまう．したがって，砂糖水を凍らせるには温度を 0℃以下にしなければならず，砂糖水の凝固点は純水よりも低くなる．

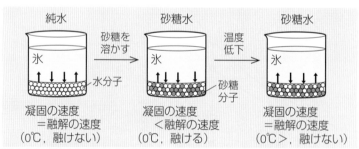

図 3-20　凝固点降下の仕組み

コラム

冬，雪道に塩をまくのはなぜ？

　雪が降った翌朝，雪道に塩をまくのはなぜだろうか．雪道に食塩をまくと次のようなことが起こる．昼間の気温の上昇などによって雪が少し融け始め，その水に食塩が溶けて食塩水となる．食塩水は凝固点降下のために 0℃では凍らないので，雪は融ける．夜になって気温が低下しても，食塩水は凍らない．そのため，路面の凍結を防止できる．

263-00521

4. 浸透圧

1) 浸透圧とは

青菜に塩をかけるとしんなりし，逆にしんなりした青菜を水につけるとシャキッとする．これは，水が青菜の細胞膜を通って，濃度の濃い方へ移動することによる．このように，濃い溶液を薄めようとして水が入っていく現象を浸透といい，その勢いを浸透圧という．したがって，溶液の濃度が濃いほど浸透圧は大きい．

2) 浸透圧が生じる仕組み

なぜ，浸透圧が生じるのだろうか．**図 3-21** のように，純水（左側）とスクロース水溶液（右側）を半透膜で隔てて接触させてみよう．この場合，半透膜を自由に往来できるのは水分子だけである．半透膜に接する水分子の数を比較すると，純水のほうが水溶液よりも多くなる．したがって，純水側から水溶液側（→方向）への水分子の移動速度は，水溶液側から純水側へ（←方向）の水分子の移動速度よりも速くなる．そのため，純水側から水溶液側へ（→方向）圧力がかかり，水は水溶液側へ移動する．このとき，溶液側に余分な圧力（おもり）をかけると水分子の移動を阻止できる．この圧力を浸透圧という．

> **半透膜**
> 溶媒および一部の溶質を通すがほかの溶質は通さない膜をいう．細胞膜やセロハン膜などがある．

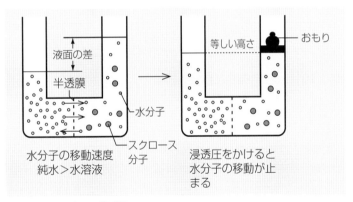

図 3-21　浸透圧の仕組み

3) 身のまわりの浸透圧

私たちの身のまわりには浸透圧を利用したものが多い．

(1) 食品と浸透圧

なすのぬか漬やたくあんなどの漬物がしなびているのは，水分が吸い取られたことによる．塩漬けや砂糖漬け食品が長期間保存可能な理由は，高濃度の食塩や砂糖の中では，細菌は水分を吸い取られ，生存できないためである．また，魚を焼く前に塩を振るのは，水分をとり，食材をひきしめるためである．

(2) 健康と浸透圧

私たちの体を構成する細胞は，細胞外液（血漿や組織間液）という液に浸かって

いる．細胞外液の浸透圧が変化すると，細胞は縮んだり，膨らみ過ぎて壊れてしまう．たとえば，赤血球を水に入れると，水が赤血球内に浸透し，やがて細胞膜が破れ，中に含まれるヘモグロビンが外に漏れ出す．これを溶血という．また，赤血球を20％砂糖水に入れると，赤血球内の水が砂糖水に吸い取られ，赤血球は縮む（**図3-22**）．

　細胞外液と細胞内液の浸透圧のバランスは，ナトリウムイオン Na^+ やカリウムイオン K^+ などの電解質やアルブミンなどのタンパク質によって調整されている．このバランスが崩れると脱水を引き起こしたり，浮腫（むくみ）となる．

　浸透圧が細胞内液と等しい溶液を等張（アイソトニック）液という．生理食塩水（0.9％食塩水）やリンゲル液はその代表例である．また，浸透圧が細胞内液より大きい溶液を高張液，浸透圧が細胞内液より小さい溶液を低張液という．細胞が高張液または低張液にさらされると痛みが生じることがあるので，点眼剤や注射液は等張に調製される．

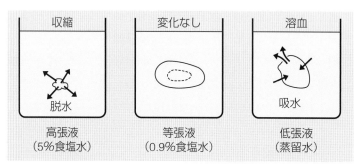

図 3-22　赤血球の溶血と縮み

コ　ラ　ム

栄養素と老廃物の運搬にも浸透圧が関与する

　組織への栄養素の供給や組織からの老廃物の収集は，体中を循環する血液により行われる．栄養素や老廃物が，血液と組織間液の間をどちらに移動するかは，血液の浸透圧と血圧の差が決定する．血液の浸透圧は血漿タンパク質であるアルブミンによるもので，およそ28mmHgである（これをコロイド浸透圧という）．この浸透圧により細胞間質の水は血管の中に流れ込もうとし，逆に，毛細血管の水は血圧によって血管の外へ流れ出ようとする．

　栄養素を運搬している動脈の毛細血管の血圧（およそ38mmHg）はコロイド浸透圧（およそ28mmHg）よりも高いため，

栄養素は血管から組織へ流出する．また，静脈の毛細血管の血圧（およそ18mmHg）はコロイド浸透圧（およそ28mmHg）よりも低いため，老廃物は組織から血管へ流入する．

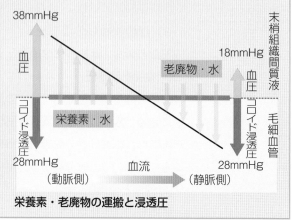

栄養素・老廃物の運搬と浸透圧

263-00521

3　身のまわりにはコロイドがいっぱい

到達目標

1 牛乳を例にとり，コロイド溶液を説明する．

2 卵白，セッケン水，ゼリー，マヨネーズ，雲など身のまわりのコロイドを概説する．

3 -① 雨上がりの雲のすき間から差し込む光を例にとり，チンダル現象を概説する．

-② 煙の微粒子を例にとり，ブラウン運動を概説する．

-③ 人工血液透析を例にとり，透析を概説する．

-④ イオン導入法を例にとり，電気泳動を概説する．

　真っ赤な夕焼けや夕立ちの後に雲のすき間から差し込む光の道すじ（天国のはしごなどとロマンチックな名でよばれる）を見て感動した経験がないだろうか（**図3-23**）．これらの現象はコロイドの光を散乱させる性質，チンダル現象によるものである．私たちの身のまわりには，雲，霧，煙，セッケン水，デンプン溶液，牛乳，墨汁，サファイア，マヨネーズ，豆腐，ゼリー，体液（血漿・組織液）など，数多くのコロイドが存在する．コロイドとはどのようなものだろうか．コロイドはどのような性質をもっているのだろうか．

図 3-23　天国のはしご
チンダル現象の一例

1.　コロイド溶液とは

　コップに入れた砂糖水と牛乳を比べてみよう．砂糖水は無色透明で，向こうが透けてみえる．これは，砂糖分子が水中で１個ずつばらばらになることによる（**図3-2 を参照**）．一方，牛乳は白く乳濁し，向こうは透けてみえない．しかし，放置してもコップの上部と下部で濃さが変わることはない．これは，牛乳の乳脂肪粒子が沈殿しないで水の中を漂い，均一に分散し，あたかも溶けているかのようにふるまうためである．この場合の砂糖水を真の溶液，牛乳をコロイド溶液という．

　コロイドとは，ある物質がほかの物質（気体，液体，固体）の中に均一に分散し

た状態をいう．コロイドの中に分散している粒子をコロイド粒子，粒子を分散させる物質を分散媒，粒子として分散している物質を分散質という．コロイド粒子を含む溶液をコロイド溶液，またはゾルという（**表3-2**）．

コロイド粒子は原子が 1000 〜 10 億個つながったものである．直径 1 〜 100nm の粒子で，細菌より小さく，ろ紙の穴を通り抜けてしまうが半透膜は通過できない．

表3-2　身のまわりのコロイド

		分散媒		
		気体	液体	固体
分散質	気体	——	ビールの泡	スポンジ マシュマロ
	液体	霧 雲	牛乳 マヨネーズ	ゼリー チーズ，バター
	固体	煙	墨汁	サファイア

分散媒が液体のもののうち，分散質が液体のものを乳濁液（エマルジョン），固体のものを懸濁液（サスペンジョン），気体のものを泡という．また，分散媒が気体で分散質が液体または固体のものをエアロゾル（エーロゾル）という．

2.　コロイド溶液の分類

コロイド溶液は，その性質から次のように分類される．

1）疎水コロイド

水に不溶性の物質がコロイド粒子となって水中に分散しているコロイド溶液を疎水コロイドという．コロイド粒子は正（＋）または負（−）に帯電しているので，同じ電荷どうしで反発し，そのため，お互いにくっつくことなく水中に分散する．

少量の電解質を入れると，コロイド粒子が電荷を失うため，反発力がなくなり，くっつきあい沈殿する．これを凝析（凝結）という（**図3-24**）．凝析は，浄水場で河川の濁りを取る方法として応用されている．また，雲の中の水滴が凝析したものが雨である．

硫黄や金など無機物質のコロイド溶液は，疎水コロイドの代表例である．

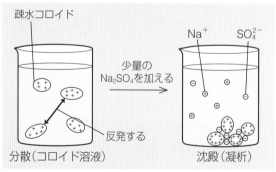

図3-24　疎水コロイドと凝析

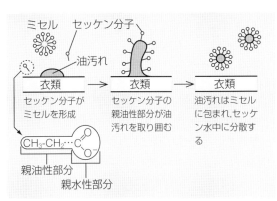

図 3-25　セッケンによる洗浄の仕組み

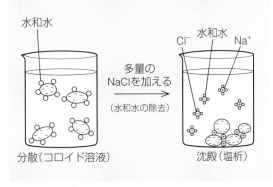

図 3-26　親水コロイドと塩析

2）親水コロイド

水に可溶性または親水性の物質がコロイド粒子となって水中に分散しているコロイド溶液を親水コロイドという．親水コロイドには分子コロイドと会合コロイドが存在する．デンプンやゼラチンなど一つの分子が一つのコロイド粒子となるものを分子コロイド，セッケンなどいくつかの分子が集合して一つのコロイド粒子となるものを会合コロイドという．

セッケン水では，セッケン分子はミセルをつくって分散し，衣類などについた油汚れを落とす（**図 3-25**）．

コロイド粒子は，そのまわりに水分子を引き寄せ，水和し，水中に分散している．多量の電解質を加えると，水和している水分子が電解質にとられるため，コロイド粒子はくっつきあい沈殿する．これを塩析という（**図 3-26**）．塩析は，セッケンの製造工程などで用いられる．

デンプン，卵白，ゼラチン，寒天，セッケンなど有機化合物のコロイド溶液は，親水コロイドの代表例である．

3）ゲル

流動性のあるコロイドをゾル，流動性のないコロイドをゲルという．

ゲルは，コロイド粒子が網目状につながり，そのすき間に水がはいりこんだものである．お菓子づくりに用いられるゼラチンや寒天は，ゾルを冷やせば固まってゲルになり，ゲルを熱すれば再びゾルに戻る．歯科で使用される寒天印象材やアルジネート印象材もこのゲル化を応用したものである．

また，豆腐は豆乳（グリシニンというタンパク質がコロイド粒子となったゾル）に「にがり」を加えてゲル化したものである．

ミセル

セッケン水中では，セッケン分子が親油性部分を内側に，親水性部分を外側にして集まり，あたかも一つの分子のように行動する．このセッケン分子の集合体をミセルという．

ゼラチン

ゼラチンはタンパク質の一種であるコラーゲンが熱変性したものである．

寒天

寒天は海藻の一種であるテングサやオゴノリの多糖類を熱水で抽出したもの（これをところてんという）を凍結乾燥したものである．

アルジネート

アルジネートは昆布のヌルヌル成分（アルギン酸ナトリウム）でマグネシウムイオンやカルシウムイオンによりゲル化する．

実験　人造いくらをつくってみよう

　コピー食品といえば人造いくらを思い浮かべる人は多いだろう．最近は価格の安い輸入品におされ，あまり市場には出回らなくなったが，食べた経験のある人も多いと思う．見た目は本物とほとんど区別ができないが，中味は全くの別物で，アルギン酸ナトリウムと着色・味付けした植物油が主な原料である．学校でも簡単に市販の人造いくらに近いものができるので，挑戦してみてはいかがだろうか．

　（材料とつくり方）アルギン酸ナトリウム 1g をぬるま湯 100ml に溶かし，食紅で好みの色をつける（A 液）．塩化カルシウム 1g を水 100ml に溶かす（B 液）．スポイトに A 液をとり，B 液にゆっくり滴下する．

　本物とニセ物のいくらを見分けるには熱湯に入れればよい．本物はタンパク質が熱変性するため白くなるが，ニセ物は無変化である．

実験　不思議なコロイド～スライムをつくってみよう

　「ヌルヌルしていて，冷たくて，気持ち悪いけど不思議な物体」のスライムは，洗たくのりとホウ砂があれば簡単につくることができる．スライムは洗たくのりの主成分であるポリビニルアルコール分子の水酸基がホウ砂との間で水素結合によって網目状につながり，そのすき間に水が入り込み，ゲル化したものである．

　（材料とつくり方）洗たくのりは P.V.A（ポリビニルアルコール）と表示のあるものを使用する．紙コップに洗たくのり 25ml と水 25ml を入れ，割り箸でかき混ぜる．色をつける場合は食紅を入れる．次に，ホウ砂の飽和水溶液を 10ml 入れ，素早くかき混ぜる．

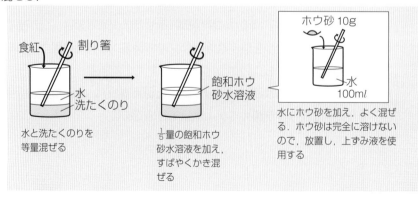

263-00521

3. コロイドの性質

　コロイド粒子はイオンや分子より大きいので，コロイド溶液は真の溶液にはみられない特異的な性質をもっている．

1）チンダル現象

　コロイド溶液に強い光を当てると光の通路が見える．これは，溶液中のコロイド粒子が光を散乱することによる．この現象をチンダル現象という（**図** 3-27）．

　私たちは，知らないうちに，身のまわりで多くのチンダル現象を体験している．

　夕焼けが赤いのは，大気中の水滴やホコリにより青系統の光が散乱され，残った赤い光が私たちの目に届くからである．

　雲のすき間から差し込む光の道すじ（**図** 3-23 天国のはしご）が見えるのは，雲の中の水滴が光を散乱させるためである．

　映画館で映写機からの光の道すじが見えるのは，空気中のホコリが光を散乱することによる．

　また，コンサート会場でスモークを焚くのは，チンダル現象を積極的に起こさせ，赤や青のレーザー光線の光をよりはっきりと見せるためである．

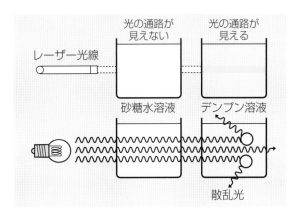

図 3-27　チンダル現象

2）ブラウン運動

　風もないのにたばこの煙が空気中を拡散して衣服がたばこ臭くなったり，インクを1滴水の中にたらしたときにインクが拡散していく様子にみとれたりした経験はないだろうか．これは空気中や水中に漂うコロイド粒子が，熱運動しているまわりの分子（窒素，酸素，水など）に小突きまわされ，不規則な運動（ランダムウォーク）をするためである．この現象をブラウン運動という（**図** 3-28）．

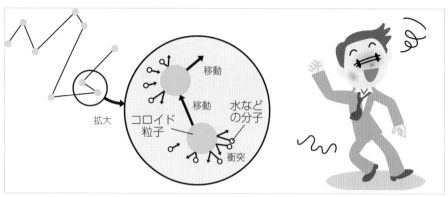

図 3-28　ブラウン運動
よっぱらいのランダムウォークに似ている

コラム

ブラウン運動とアインシュタイン

　1827 年英国の植物学者ブラウンは花粉粒を顕微鏡で観察していたところ，まるで生き物のように不規則に動きまわる現象を見い出した．発見者にちなみ，この現象はブラウン運動と名づけられた．しかし，この現象の理由は長く不明のままであった．ブラウン運動が水分子の熱運動の結果として起こることを明らかにしたのは相対性理論で有名なアインシュタインで，ブラウン運動の発見から 78 年後のことである．

3）電気泳動

　コロイド粒子は正（＋）または負（－）に帯電しているので，コロイド溶液に直流電圧をかけると，正（＋）に帯電しているコロイド粒子は陰極へ，負（－）に帯電しているコロイド粒子は陽極へ移動する．この現象を電気泳動という（**図3-29**）．

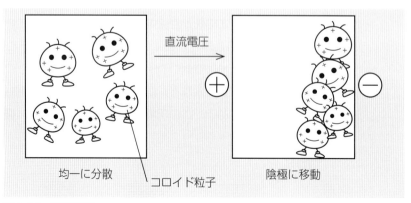

図 3-29　電気泳動

263-00521

イオン導入法

　歯科では，電気泳動と聞くとイオン導入法をイメージする人が多い．イオン導入法は電気泳動を医療に応用した方法で，歯科では主に根管消毒や，う蝕予防のフッ化物塗布などに用いられる．

　イオン導入法による根管消毒は，常法の根管治療では消毒しにくい根尖分岐・根管側枝に薬剤を送り込めるため，大きな消毒効果が期待できるという特徴がある．およその手順は次のようである．根管内にヨウ素ヨウ化亜鉛溶液，またはアンモニア銀溶液を満たし，そこに陽極を浸す．次に，被験者の手に陰極を持たせ，直流を流すと，亜鉛イオンや銀イオンは陰極（根管）へ移動する．そして，そ

の一部は不溶性の化合物として沈殿し，裂隙の閉鎖（充塡）をもたらす．

　フッ素（F）は，歯に取り込まれるとフルオロアパタイトを形成し，う蝕を予防する．しかし，単に歯面に塗布するだけではフッ素（F）の取り込みが悪く，高い取り込みが期待されるイオン導入法が開発された．およそ次のような手順で行う．歯列弓に適合するトレーの内装綿にフッ化ナトリウム（NaF）溶液をしみ込ませ，歯面に圧接後，陰極に接続する．被験者の手に陽極を持たせ，直流を流すとフッ化物イオン（F^-）は陽極へ（歯面から奥へ）移動する．

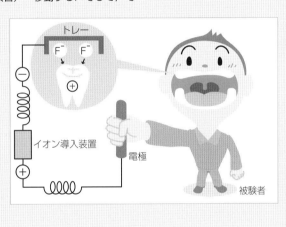

4）保護コロイド

　疎水コロイドに親水コロイドを加えると，疎水コロイド粒子のまわりを親水コロイド粒子が取り囲み，沈殿しにくくなる．この作用をする親水コロイドを保護コロイドという（図3-30）．たとえば，牛乳の乳脂肪はカゼイン（タンパクの一種）という保護コロイドに包まれているため，沈殿しにくい．また，墨汁が沈殿せず安定なのは，疎水コロイドである炭素粉末に保護コロイドとしてにかわ（ゼラチン）が加えられているためであり，インクでは疎水コロイドである色素の保護コロイドとしてアラビアゴムが加えられているからである．

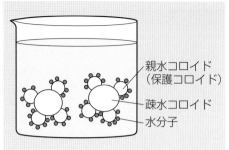

図 3-30　保護コロイド

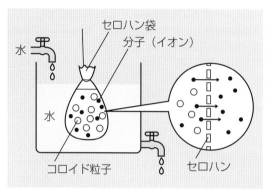

図 3-31　透析

5）透析

　コロイド粒子はろ紙の穴を通り抜けるが，セロハンの穴は通過できない．一方，分子やイオンはセロハンの穴を通過する．このセロハンのような膜を半透膜という．そのため，コロイド溶液を半透膜に入れて純水の中に放置すると，分子やイオンは半透膜を自由に通り抜けるので，コロイド粒子だけが袋の中に残り，分子やイオンを含まないコロイド溶液を調製できる．これを透析という（**図 3-31**）．

　腎不全患者が血液中の老廃物を除去するために行う人工血液透析は，この透析を応用したものである．

263-00521

4 **酸とアルカリの水溶液**

1 酸とアルカリの性質を比較し，説明する．

2 塩酸と水酸化ナトリウム水溶液を例にとり，アレーニウスの定義を説明する．

3 主な酸（塩酸，硫酸，リン酸）と主なアルカリ（水酸化ナトリウム，アンモニア）の価数を計算する．

1. 酸とアルカリの性質

酸性雨やアルカリ性食品という言葉をよく耳にするが，酸性やアルカリ性とはどのような性質をさすのだろうか（**表 3-3，4**）．

食酢やレモンはすっぱい味がするが，これは酢酸やクエン酸という酸を含むためである．この他，酸には青色リトマス紙を赤変させたり，BTB（ブロモチモールブルー）溶液を黄色に変化させる性質がある．水に溶けて酸性を示す物質を酸という．また，酸の水溶液は亜鉛やスチールウールなどの金属片を溶かし，水素 H_2 を発生させる．

一方，お風呂で使うセッケン（液）や石灰水（水酸化カルシウム $Ca(OH)_2$ 水溶液）は，それぞれ赤色リトマス紙を青変させ，BTB 溶液を青色に変化させたり，フェノールフタレイン溶液を赤色に変化させる．このような性質をアルカリ性（または塩基性）といい，特に水に溶けてアルカリ性を示す物質をアルカリという．また，アルカリは酸の性質を打ち消すので，石灰水は，酸性化した土壌や河川の中和剤として利用されている．一般的に，アルカリの水溶液はしぶ味をもち，タンパク質を溶かす性質があるので，指などにつくとヌルヌルすることがある．

純水は酸性もアルカリ性も示さない．この性質を中性という．

> **✎ アルカリと塩基の違い**
> アルカリ性（塩基性）を示す物質のうち，水溶性のものをアルカリという．たとえば，水に難溶性の水酸化アルミニウム $Al(OH)_3$ は塩基であるが，アルカリとよばない．

表 3-3　酸とアルカリの例

酸	塩酸 HCl*，硝酸 HNO_3，硫酸 H_2SO_4，酢酸 CH_3COOH，リン酸 H_3PO_4
アルカリ	水酸化ナトリウム NaOH，水酸化カルシウム $Ca(OH)_2$，アンモニア NH_3

* 塩酸は塩化水素 HCl の水溶液である．

表 3-4　酸とアルカリの性質の比較

	酸	アルカリ
リトマス紙	青色→赤色	赤色→青色
BTB 溶液	黄色	青色
フェノールフタレイン液	無色	赤色
	酸味（すっぱい味）	しぶい味
	マグネシウムリボンやスチールウールなどの金属片を溶かし，水素を発生	タンパク質を溶かす 酸の性質を打ち消す

2. 酸，アルカリとは何か

アレーニウスの定義

電離

電離とは，物質を水に溶かしたとき，陽イオンと陰イオンに分かれることをいう。

水溶液の酸性やアルカリ性を決める原因物質は何だろうか．答えは「酸とは水溶液中で電離して水素イオン（H^+）を生じる物質であり，アルカリとは水溶液中で電離して水酸化物イオン（OH^-）を生じる物質である」というアレーニウスの定義をみればわかる．

たとえば，塩酸（HCl）や酢酸（CH_3COOH）といった酸は，いずれも水溶液中で電離して，水素イオン（H^+）を生じる．

$\rightleftarrows$は電離してイオンを生じるがその一部はもとに戻ることを示す記号である．

$$HCl \longrightarrow H^+ + Cl^- \qquad\qquad (i)$$
$$CH_3COOH \rightleftarrows CH_3COO^- + H^+ \qquad (ii)$$

この生成した水素イオン（H^+）が酸性の原因物質である．

生じた水素イオン（H^+）は，実際には，水分子 H_2O と結合してオキソニウムイオン H_3O^+ になって存在するため，（i）式と（ii）式は次のようにも表せる．

$$HCl + H_2O \longrightarrow H_3O^+ + Cl^-$$
$$CH_3COOH + H_2O \rightleftarrows CH_3COO^- + H_3O^+$$

しかし，オキソニウムイオン（H_3O^+）は，簡単に，水素イオン（H^+）で表記されることが多い．

一方，アルカリではどうだろうか．

水酸化ナトリウム（NaOH）は水溶液で電離して水酸化物イオン（OH^-）を生じる．

$$NaOH \longrightarrow Na^+ + OH^-$$

また，アンモニア（NH_3）は水に溶け，水酸化物イオン（OH^-）を生じる．

$$NH_3 + H_2O \rightleftarrows NH_4^+ + OH^-$$

この生成した水酸化物イオン（OH^-）がアルカリ性の原因物質である．

3. 酸とアルカリの価数

酸とアルカリはお互いの性質を打ち消し合う性質をもつ．酸（水素イオン H^+）とアルカリ（水酸化物イオン OH^-）が結びついて，水（H_2O）ができる反応を中和反応という．酸とアルカリの価数の知識は，この中和反応を理解するために必要である．

酸1分子がいくつの水素イオン（H^+）を出すことができるかを酸の価数という．そして，酸1分子が m 個の水素イオン（H^+）を出すことができるとき，その酸を m 価の酸という．

また，アルカリ1分子が出すことができる水酸化物イオン（OH^-）の数をアルカリの価数という．そして，アルカリ1分子が m 個の水酸化物イオン（OH^-）を出すことができるとき，そのアルカリを m 価のアルカリという（**表 3-5**）．

263-00521

（例題15）リン酸（H_3PO_4）の価数はいくらか．

（考え方）リン酸（H_3PO_4）は水素イオン（H^+）となる水素原子を3個もっているので，三価であり，水溶液中では三段階に電離する．

$$H_3PO_4 \rightleftarrows H^+ + H_2PO_4^- \text{（リン酸二水素イオン）}$$
$$H_2PO_4^- \rightleftarrows H^+ + HPO_4^{2-} \text{（リン酸一水素イオン）}$$
$$HPO_4^{2-} \rightleftarrows H^+ + PO_4^{3-} \quad \text{（リン酸イオン）}$$

（例題16）アンモニア（NH_3）の価数はいくらか．

（考え方）アンモニア（NH_3）は水（H_2O）と反応して水酸化物イオン（OH^-）1個を生じるので，一価である．

$$NH_3 + H_2O \rightleftarrows NH_4^+ + OH^-$$

表3-5　酸とアルカリの価数

酸		価数	アルカリ
塩酸　HCl,	酢酸 CH_3COOH	一価	水酸化ナトリウム NaOH，アンモニア NH_3
硫酸　H_2SO_4		二価	水酸化カルシウム $Ca(OH)_2$
リン酸　H_3PO_4		三価	

4. 酸とアルカリの強弱

　酸には塩酸（HCl）などの強酸と酢酸（CH_3COOH）などの弱酸があり，アルカリにも水酸化ナトリウム（NaOH）などの強アルカリとアンモニア（NH_3）などの弱アルカリがある．では，何が酸・アルカリの強弱を決定しているのだろうか．すでに学んだ酸・アルカリの価数は，酸・アルカリの強弱には全く関係しない．なぜならば，強酸である塩酸（HCl）と弱酸である酢酸（CH_3COOH）は同じ一価に分類されるからである．

　酸やアルカリの強弱は，酸の原因物質である水素イオン（H^+）とアルカリの原因物質である水酸化物イオン（OH^-）を放出する能力で決定される．つまり，水素イオン（H^+）や水酸化物イオン（OH^-）を多く生じる物質は強酸，あるいは強アルカリであり，少ない物質は弱酸，あるいは弱アルカリといえる．

1）電離度

　酸やアルカリが水素イオン（H^+）や水酸化物イオン（OH^-）を放出する能力を数字で表したものが電離度である．酸やアルカリのような電解質を水に溶かしたとき，生じる水素イオン（H^+）や水酸化物イオン（OH^-）の割合は，電解質の種類によって異なる．たとえば，塩酸（HCl）では，ほぼ完全に水素イオン（H^+）と塩化物イオン（Cl^-）に電離するが，酢酸（CH_3COOH）溶液中では，大部分の酢酸（CH_3COOH）は分子のままで存在し，ごく一部のみが水素イオン（H^+）と酢酸イオン（CH_3COO^-）に電離する（図3-32）．この電離の割合を電離度といい，次式で計算できる．

電解質
水に溶かしたときイオンに分かれる（電離する）物質をいう．

$$電離度 = \frac{電離した電解質の物質量（mol）}{溶けた電解質の物質量（mol）} \quad 0（電離しない）<電離度 \leqq 1（完全に電離） \quad (iii)$$

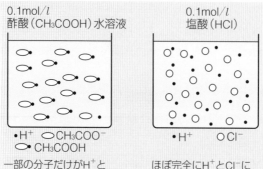

図 3-32　酢酸（弱酸）と塩酸（強酸）の電離の比較

（例題 17）0.10 mol の酢酸を水に溶かして 0.0013 mol の酢酸イオンが生じたとき，この酢酸の電離度を求めなさい．

（考え方）酢酸 CH_3COOH は水に溶かすと次のように電離する．

$$CH_3COOH \rightleftarrows CH_3COO^- + H^+$$

(iii) 式より

$$電離度 = \frac{生じた酢酸イオンの物質量}{酢酸の物質量} = \frac{0.0013}{0.10} = 0.013 \qquad 答．0.013$$

（例題 18）0.10 mol/l の酢酸水溶液の水素イオン濃度 $[H^+]$ はいくらか．なお，この酢酸の電離度は 0.01 である．

（考え方）酢酸（CH_3COOH）は一価の酸であり，水に溶かすと次のように電離する．

$$CH_3COOH \rightleftarrows CH_3COO^- + H^+$$

(iii) 式より

$[H^+]$ ＝酢酸の濃度 $[CH_3COOH]$（mol/l）×電離度×酢酸の価数

$\quad = 0.10 \times 0.01 \times 1 = 0.0010 = 1.0 \times 10^{-3}$ 　答．0.0010（または 1.0×10^{-3}）mol/L

2）酸とアルカリの強弱

　電離度は濃度や温度によって変化し，酢酸（CH_3COOH）では濃度が小さくなれば，電離度は大きくなる（図 3-33）．そのため，濃度が大きいときでも電離度が 1 に近い酸やアルカリを強酸あるいは強アルカリといい，電離度が 1 より著しく小さいものを弱酸あるいは弱アルカリという（表 3-6，図 3-34）．

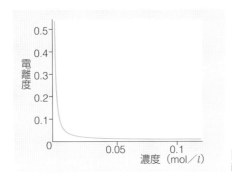

図 3-33　酢酸の濃度と電離度
酢酸の濃度が小さいほど電離度は大きくなる

表3-6　酸・アルカリの電離度（25℃, 0.1mol／l）

	物質名	電離度
強酸	塩酸（HCl）	0.94
	硝酸（HNO$_3$）	0.92
弱酸	酢酸（CH$_3$COOH）	0.013
強アルカリ	水酸化ナトリウム（NaOH）	0.91
	水酸化カリウム（KOH）	0.91
弱アルカリ	アンモニア（NH$_3$）	0.013

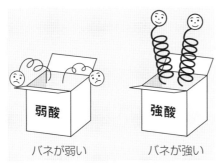

図 3-34　弱酸と強酸はびっくり箱にたとえることができる
完全に電離する「強いバネ」をもっている酸（例えば塩酸 HCl）は強酸で，ほんの一部しか電離しない「弱いバネ」をもった酸（例えば酢酸 CH$_3$COOH）は弱酸である

5. 水素イオン濃度と pH

　水溶液の酸性やアルカリ性の強さを比べるにはどうすればいいだろうか．身長をセンチメートルという単位で表すように，酸性やアルカリ性の強さを表す単位があると便利である．そこで登場するのが pH（ピーエイチまたはペーハー）で，酸性やアルカリ性の強さの「ものさし」と考えてよい．

1）水素イオン濃度と酸性・アルカリ性の強弱

　水溶液が酸性を示す原因物質が水素イオン（H$^+$）であるので，酸性の程度は水溶液中の水素イオン濃度［H$^+$］で表すことができる．つまり，水素イオン濃度［H$^+$］が大きいほど酸性が強い．一方，水溶液がアルカリ性を示す原因物質が水酸化物イオン（OH$^-$）であるので，アルカリ性の程度は水溶液中の水酸化物イオン濃度［OH$^-$］で表すことができる．つまり，水酸化物イオン濃度［OH$^-$］が大きいほどアルカリ性が強い．

［ ］
記号［ ］はモル濃度(mol／l)を意味する．たとえば，［H$^+$］は水素イオンH$^+$のモル濃度（mol／l）のことである．

ところで，すべての水溶液中では，次式が成立する．

$$[H^+] \times [OH^-] = Kw = 1.0 \times 10^{-14} \, (mol/l)^2 \qquad \text{(iv)}$$

この Kw を水のイオン積という．Kw は，温度一定では，常に一定の値をとり，25℃では $1.0 \times 10^{-14} \, (mol/l)^2$ となる．

この（iv）式から何がいえるのだろうか．Kw が一定の値をとるため，水素イオン濃度 $[H^+]$ が増加すると水酸化物イオン濃度 $[OH^-]$ は減少し，逆に，水酸化物イオン濃度 $[OH^-]$ が増加すると水素イオン濃度 $[H^+]$ は減少する．言い換えれば，水素イオン濃度 $[H^+]$ が大きいほど酸性が強く，水素イオン濃度 $[H^+]$ が小さいほどアルカリ性が強いことになる．したがって，水素イオン濃度 $[H^+]$ だけで酸性またはアルカリ性の強弱を表示することができる．

（例題19）水素イオン濃度 $[H^+]$ が1.0×10^{-4} mol/l の水溶液の水酸化物イオン濃度 $[OH^-]$ はいくらか．

（考え方）(iv) 式 $[H^+] \times [OH^-] = 1.0 \times 10^{-14}$ に $[H^+] = 1.0 \times 10^{-4}$ を代入する．

$$[OH^-] = \frac{1.0 \times 10^{-14}}{[H^+]} = \frac{1.0 \times 10^{-14}}{1.0 \times 10^{-4}} = 1.0 \times 10^{-10} \, (mol/l)$$

答．1.0×10^{-10} mol/l

2）水素イオン濃度と pH（水素イオン指数）

水溶液中の水素イオン濃度 $[H^+]$ の値はかなり小さいことが多く，取り扱いが不便である．そのため，水素イオン濃度 $[H^+]$ は，10^{-x} といった指数で表示される．この X の数値を pH（水素イオン指数）という．つまり，$[H^+] = 10^{-x}$ のとき，pH $=$ X となる．

pH はピーエイチまたはペーハーと読み，0～14 までの数字で表される．pH7 が中性で，それより数値が小さくなるにつれ酸性が強まり，大きくなるにつれアルカリ性が強くなる．

指数

極めて小さい数字や大きな数字は取り扱いが実用上不便なので 1.0×10^x のように表す．この 10^x と書いたときの X の部分を指数という．たとえば，0.00003 は 3×10^{-5}，50000000は5×10^7 となる．

$[H^+]$ とpHの関係式：

$[H^+] = 10^{-pH}$，pH $= -\log [H^+]$

指数の計算

$10^{-x} = \dfrac{1}{10^x}$

$10^x \times 10^y = 10^{x+y}$

$10^x \div 10^y = 10^{x-y}$

（例題20）水素イオン濃度 $[H^+]$ が1.0×10^{-2} (mol/l) の水溶液のpHはいくらか．

（考え方）$[H^+] = 10^{-pH}$ より，pH $= 2$　　　　　答．2

（例題21）水酸化物イオン濃度 $[OH^-]$ が1.0×10^{-2} mol/l の水溶液のpHはいくらか．

（考え方）(iv) 式より

263-00521

$$[H^+] = \frac{1.0 \times 10^{-14}}{[OH^-]} = \frac{1.0 \times 10^{-14}}{1.0 \times 10^{-2}} = 1.0 \times 10^{-12}$$

$[H^+] = 10^{-pH}$ より，pH＝12　　　　　　　　　　　　　　　　　　　　答．12

（例題22）0.010mol/l の塩酸（HCl）のpHはいくらか．

（考え方）塩酸（HCl）は強酸（電離度は1）で，一価の酸であるので

$[H^+]$＝モル濃度×電離度×価数＝$1.0 \times 10^{-2} \times 1 \times 1 = 1.0 \times 10^{-2}$（mol/$l$）

$[H^+] = 10^{-pH}$ より，pH＝2　　　　　　　　　　　　　　　　　　　　答．2

（例題23）0.0050mol/l の硫酸（H$_2$SO$_4$）のpHはいくらか．

（考え方）硫酸（H$_2$SO$_4$）は強酸（電離度は1）で，二価の酸であるので

$[H^+]$＝モル濃度×電離度×価数＝$5.0 \times 10^{-3} \times 1 \times 2 = 1.0 \times 10^{-2}$（mol/$l$）

$[H^+] = 10^{-pH}$ より，pH＝2　　　　　　　　　　　　　　　　　　　　答．2

（例題24）0.10mol/l の酢酸（電離度は0.01）のpHはいくらか．

（考え方）酢酸（CH$_3$COOH）は一価の弱酸で，電離度0.01であるから，

$[H^+]$＝モル濃度×電離度×価数＝$0.10 \times 0.01 \times 1 = (1.0 \times 10^{-1}) \times (1.0 \times 10^{-2})$
$= 1.0 \times 10^{-3}$（mol/l）

$[H^+] = 10^{-pH}$ より，pH＝3　　　　　　　　　　　　　　　　　　　　答．3

6.　身近な物質の pH

　純水のように水素イオン（H$^+$）と水酸化物イオン（OH$^-$）を等モル含み，酸性，アルカリ性のどちらの性質も持たないものを中性という（**図3-35**）．

　純水のpHはいくらになるか求めてみよう．

　(iv) 式 $[H^+] \times [OH^-] = Kw = 1.0 \times 10^{-14}$ に $[OH^-] = [H^+]$ を代入すると

　$[H^+]^2 = 1.0 \times 10^{-14}$，よって $[H^+] = \sqrt{1.0 \times 10^{-14}} = 1.0 \times 10^{-7}$

　$[H^+] = 10^{-pH}$ より，純水の pH＝7 となる．

強 ←		酸性			→ 弱	中性	弱 ←		アルカリ性			→ 強	
pH	0	1	2	3	4	5	6	7	8	9	10	11	12	13	14
$[H^+]$ (mol/l)	1	10^{-1}	10^{-2}	10^{-3}	10^{-4}	10^{-5}	10^{-6}	10^{-7}	10^{-8}	10^{-9}	10^{-10}	10^{-11}	10^{-12}	10^{-13}	10^{-14}
$[OH^-]$ (mol/l)	10^{-14}	10^{-13}	10^{-12}	10^{-11}	10^{-10}	10^{-9}	10^{-8}	10^{-7}	10^{-6}	10^{-5}	10^{-4}	10^{-3}	10^{-2}	10^{-1}	1

図3-35　pH と酸性・中性・アルカリ性の関係

　図3-36 に身近な物質のpHを示した．代表的な生体液のpHは，血液7.4，胃液1.0，膵液7.9，唾液（全唾液）6.7，尿4.8〜7.5である．

　水溶液のpHを調べるには，指示薬や指示薬のついたpH試験紙が簡便である．pH試験紙に水溶液をつけ，そのときの色調変化を標準比色表と比べることによってpHを判定することができる．リトマス，ブロモチモールブルー（BTB），メチルオレンジやフェノールフタレインなどは指示薬の代表例で，水溶液のpHによって色が変化する（**図3-37**）．

図3-36　**身近な物質のpH**

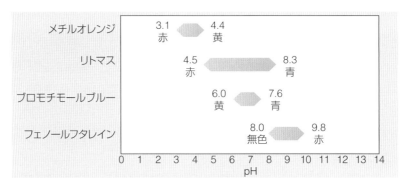

図3-37　**酸・アルカリの指示薬とその変色域**

実験　**身のまわりの溶液のpHをはかろう**

　私たちの身のまわりには，いろいろな水溶液がある．水溶液のpHは，万能pH試験紙や簡易pHメーターで簡単にはかることができる．採取した雨水や川の水，炭酸飲料，牛乳，果物の汁，セッケン水，尿などのpHを調べてみよう．

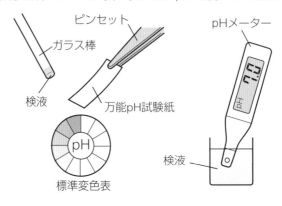

263-00521

森林は酸性雨によって破壊されたのか？

　酸性雨は 1980 年代，地球にとって最も重大な危機の一つであった．メディアは枯れかかった木々の映像を放映し，酸性雨が森林を破壊していると繰り返した．酸性雨と森林の因果関係を確かめるために，多くの科学的調査が行われた．米国やヨーロッパでは，木々を 3 年以上の長期にわたり酸性雨にさらす実験が行われたが，予想された酸性雨の悪影響は観察できなかった．以前は，酸性化する土壌からアルミニウムイオンなどが溶け出し，それを木が吸収して枯れると考えられたが，その後の研究で否定されている．現在では，森林破壊の主犯は酸性雨ではなく，車の排気ガス中の窒素酸化物が生成するオゾンなどのオキシダントと考えられている．

なぜすっぱい梅干しがアルカリ性食品なの？

　「アルカリ性食品だから健康によい」，「酸性食品を食べると体が酸性に傾くのでよくない」などと信じていないだろうか．雑誌などで見かけるこのような情報は，科学的な裏づけのあるものではない．ヒトの血液には緩衝作用があるため，食べた食品によって血液のpH が変わることはない．

　アルカリ性食品・酸性食品とは一体何だろうか．酸性食品・アルカリ性食品とは，食品を燃やし，その灰を溶かした水の酸性・アルカリ性を測定して分類したものである．灰とは無機質の酸化物のことで，酸性を示すのは主にリン（P），アルカリ性を示すのは主にカルシウム（Ca），ナトリウム（Na），カリウム（K）などの無機質による．

　梅干しはクエン酸を含むので，すっぱく，リトマス紙を赤変させる酸であるが，燃やすとクエン酸は二酸化炭素や水になるため，残った灰を水に溶かすとアルカリ性を示す．したがって，すっぱい梅干しはアルカリ性食品に分類される．酸性食品・アルカリ性食品という分類は，栄養学的によい悪いというものではなく，バランスのよい食事をすることにこそ価値があるといえる．

7. 中和反応

　酸の水溶液とアルカリの水溶液を混ぜ合わせるとどうなるのだろうか．

　酸とアルカリはともにその性質を失うが，これは，酸の水素イオン（H^+）とアルカリの水酸化物イオン（OH^-）が 1 個ずつ結びついて水（H_2O）になってしまうためである．これを中和反応（または中和）という．中和反応では水（H_2O）のほかに，酸の陰イオンとアルカリの陽イオンが結合した塩とよばれる物質ができる．

　例として，塩酸（HCl）に水酸化ナトリウム（NaOH）水溶液を混ぜ合わせたときの中和反応を考えてみよう．塩酸（HCl）と水酸化ナトリウム（NaOH）が完全に中和したときの化学反応式は次のように書くことができる．

$$HCl \ + \ NaOH \ \longrightarrow \ H_2O \ + \ NaCl$$

　つまり，酸（HCl）の H^+ とアルカリ（NaOH）の OH^- が結びついて水（H_2O）ができ，残った Na^+ と Cl^- が結びついて塩化ナトリウム（NaCl）という塩ができる．

中和後の水溶液の pH

完全に中和した水溶液は中性と思いがちだが，できた塩に依存し，酸性の場合もアルカリ性の場合もある．

8. 緩衝作用

　清涼飲料水のpHは意外と低く, pH3〜4である. では, 清涼飲料水を飲むと血液のpHは酸性になるのだろうか. 実は, ほとんど変化しない. なぜならば, 血液には酸 (H^+) やアルカリ (OH^-) が加えられてもそれを中和して, pHを正常範囲内に保つシステムが存在するためである. これを緩衝作用という.

　う蝕では歯の無機質が溶けるが, これはプラーク (歯垢) の細菌によりつくられる乳酸などの酸が原因である. 一般に, 清涼飲料水にはおよそ10％の砂糖が含まれる. 砂糖が口の中に入ってくると, プラークのpHは低下するが, やがてもとに戻る. これはステファン曲線としてよく知られている (**図3-38**). プラークのpHが回復する主な理由は, 唾液の緩衝作用による.

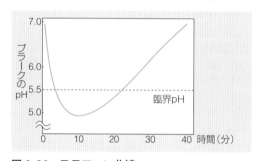

図3-38　ステファン曲線
10％グルコース溶液で洗口したときのプラークのpH変化を示した. 臨界pH (エナメル質が脱灰しはじめるpH) はpH5.5である

　血液や唾液では, 主に炭酸水素 (重炭酸) 系が緩衝作用として働いている. 血液のpHは7.40±0.05の弱アルカリ性に保たれている. これは, 生体中で行われているさまざまな化学反応がタンパク質からできた酵素によって進行しているからである. 酵素の働きはpHの変化に大きく影響され, 酵素が正常に働かなければ, 生命は維持できない. 血液のpHが7.8以上, または6.8以下になると死んでしまう.

　では, 炭酸水素 (重炭酸) 系はどのような仕組みで増加した酸 (H^+) やアルカリ (OH^-) を中和するのだろうか.

　細胞で生じた二酸化炭素 (CO_2) は水 (H_2O) に溶けて炭酸 (H_2CO_3) となり, さらに, 炭酸 (H_2CO_3) は炭酸水素 (重炭酸) イオン (HCO_3^-) と水素イオン (H^+) に電離する.

$$CO_2 \ + \ H_2O \ \longrightarrow \ H_2CO_3$$

$$H_2CO_3 \ \rightleftarrows \ HCO_3^- \ + \ H^+ \qquad \text{(v)}$$

　血液や唾液中に酸 (H^+) が増加した場合, 炭酸水素 (重炭酸) イオン (HCO_3^-) が作用し, 増えた水素イオン (H^+) を中和し, 消去する. すなわち, (v) の反応は左方向へ進行する.

$$HCO_3^- \ + \ H^+ \ \longrightarrow \ H_2CO_3$$

　血液や唾液中にアルカリ (OH^-) が増加した場合, 炭酸 (H_2CO_3) から水素イオン

263-00521

(H^+) の生じる反応が進む. すなわち, (v) の反応は右方向へ進行する. そして増加した OH^- と生じた H^+ が反応し, 水 (H_2O) になる. そのため, pH は変動しない.

$$H_2CO_3 \longrightarrow HCO_3^- + H^+$$

$$OH^- + H^+ \longrightarrow H_2O$$

●章末問題 ──────────────── Exercise

(1) 砂糖水について答えなさい.

　① 溶質は何か.

　② 溶媒は何か.

　③ 溶液の名前は何か.

(2) 砂糖が水に溶ける仕組みを説明しなさい.

(3) 食塩 10 g を水 190 g に溶かした. この溶液の質量パーセント濃度はいくらか.

(4) ブドウ糖 (分子量 180) 1.8 g を水に溶かし, 200 ml とした. この溶液の次の濃度を求めなさい.

　① 質量対容量パーセント濃度 (w／v%)

　② モル濃度 (mol／l)

(5) 10 mg のフッ化ナトリウム (NaF) を水に溶かし, 100 ml とした. この溶液のフッ素 (F) 濃度は何 ppm か. また, 何%か.

(6) 5%次亜塩素酸ナトリウム水溶液を希釈して 0.1%次亜塩素酸ナトリウム水溶液を 1 l つくるにはどうすればよいか.

(7) 海水でぬれた T シャツが真水でぬれた T シャツよりも乾きにくい. この理由を説明しなさい.

(8) 富士山頂の山小屋で米を炊くと生煮えになってしまう. この理由を説明しなさい.

(9) 冬, 雪道に塩をまくと雪が融ける. この理由を説明しなさい.

(10) 赤血球を水に入れると溶血する. この理由を説明しなさい.

(11) 身のまわりにあるコロイドの例をあげなさい.

(12) 身のまわりにあるゲルの例をあげなさい.

(13) コロイド溶液と普通の溶液 (真の溶液) を区別する方法を述べなさい.

(14) コロイド溶液の次の性質を例をあげて説明しなさい.

　① チンダル現象

　② ブラウン運動

　③ 透析

　④ 電気泳動

(15) 酸とアルカリの性質を比較しなさい.

(16) 塩酸 (HCl) と水酸化ナトリウム (NaOH) 水溶液を例にとり, アレーニウスの定義を説明しなさい.

(17) リン酸 (H$_3$PO$_4$) 1mol は何 mol の H$^+$ をほかに与えることができるか. また, 水酸化ナトリウム (NaOH) 1mol は何 mol の OH$^-$ をほかに与えることができるか.

⒅　0.1mol／lの塩酸（HCl）と 0.1mol／l の酢酸（CH₃COOH）ではどちらが酸として強いか. その理由を電離度の違いから説明しなさい.

⒆　水素イオン濃度 ［H⁺］ が次の値のとき, 水溶液の① pH, ②水酸化物イオン濃度 ［OH⁻］, ③液性を求めなさい.

　1）1.0×10⁻³ mol／l

　2）1.0×10⁻¹¹ mol／l

　3）1.0×10⁻⁷ mol／l

⒇　pH が 2 から 4 になると, 水素イオン濃度 ［H⁺］ は何倍小さくなるか.

㉑　1mol／l の塩酸（HCl）と 1mol／l の水酸化ナトリウム（NaOH）を等量混ぜ合わせたときの反応を例にとり, 中和反応を説明しなさい.

㉒　ステファン曲線を例にとり, 唾液の緩衝作用について説明しなさい.

263-00521

酸化とは，還元とは

4　酸化とは，還元とは

　化学反応の中には，電子の移動を伴う反応が多くあり，酸化還元反応とよばれている．現代社会や日常生活で欠くことができない鉄，銅やアルミニウムなどの金属材料は，地中の鉱石から得られる金属であるが，ほとんどの金属は酸素や硫黄などとの化合物で産出し，単体として産出するものは金や白金などごくわずかである．したがって，これら金属の酸化物や硫化物を還元して単体を得ている．

　ここでは，酸化還元反応の本質を理解し，金属のイオン化についても考えてみる．

1　酸化と還元

到達目標

1 酸化と還元の定義を説明する．
2 酸化数の表記，酸化数の計算をする．
3 酸化剤，還元剤の定義を説明する．
4 いろいろな酸化剤，還元剤の反応式を書く．

1. 酸化，還元とは

　「酸化」とは，もともと18世紀に燃焼理論の基礎を築いたフランスのラボアジェ（A.L.Lavoisier）が提唱した，「燃焼とは物質が酸素と結合すること」という意味で用いられた．また，「還元」とは，その逆の変化で物質が酸素を奪われることを意味した．

　たとえば，銅線（Cu）を空気中で加熱すると表面が黒色の酸化銅（II）（CuO）になる．

$$2Cu + O_2 \longrightarrow 2CuO（酸化：銅と酸素が化合）$$

　また，この酸化銅に水素ガスを吹きつけながら加熱すると，赤色の銅になる．

$$CuO + H_2 \longrightarrow Cu + H_2O（還元：酸化銅が酸素を奪われる）$$

　一方，メタン（CH4）の燃焼は次のような反応式で示される．

$$CH_4 + 2O_2 \longrightarrow CO_2 + 2H_2O$$

このとき，メタンの炭素原子は酸素と結合して二酸化炭素（CO_2）になるので酸化されていることになるが，同時に水素原子を失っている．このように，水素化合物から水素が奪われる反応も酸化という．逆に，水素と結びつく反応を還元という．したがって，次のような反応も酸化・還元反応である．

$$2H_2S + O_2 \longrightarrow 2S + 2H_2O \text{（酸化：硫化水素は水素を奪われた）} \quad \text{(i)}$$

$$Cl_2 + H_2 \longrightarrow 2HCl \text{（還元：塩素は水素と結合した）} \quad \text{(ii)}$$

しかし，(i) の反応式では，酸素は水素と結合したので還元されたことになる．このように，酸化・還元反応は酸素または水素の授受であるから，一つの反応で必ず同時に起こっていることになる．

その後，酸化・還元の意味が拡大されて，現在では，酸化とは原子が電子を失う（電子を相手に与える）変化をいい，還元とは原子が電子を得る（電子を相手から受け取る）変化をいう（**表4-1**）．このことは，物質が酸素原子と結合して酸化されるのは，電気陰性度が大きい酸素原子に電子（e^-）が引き寄せられると考えられるようになったからである．たとえば，前述した銅線の酸化反応（$2Cu + O_2 \longrightarrow 2CuO$）は次のように考えることができる．

$$2Cu \longrightarrow 2Cu^{2+} + 4e^- \text{（酸化：銅原子は電子2個を失う）}$$

$$O_2 + 4e^- \longrightarrow 2O^{2-} \text{（還元：酸素原子は電子2個を得る）}$$

このように，酸化反応と還元反応は常に同時に起こる．そのため，これらをまとめて酸化・還元反応とよばれる．また，酸化・還元反応を電子の授受で定義することによって，酸素や水素が関与しない反応も酸化・還元反応として考えることができる．たとえば，加熱した銅粉と塩素ガス（Cl_2）を接触させると褐黄色の塩化銅（II）（$CuCl_2$）を生成する．

$$Cu + Cl_2 \longrightarrow CuCl_2$$

この反応における電子の移動は次のようになる．

$$Cu \longrightarrow Cu^{2+} + 2e^- \text{（酸化：銅原子は電子2個を失う）}$$

$$Cl_2 + 2e^- \longrightarrow 2Cl^- \text{（還元：塩素原子は電子1個を得る）}$$

2. 酸化数

酸化・還元反応を考える場合，電子の授受を明確にする必要がある．イオン結合性物質のように電子の授受の関係が明確な場合以外の，共有結合性物質や分子が関与する酸化・還元反応にも，明確な電子授受の関係が適応できるように酸化数という数値が導入された．

原子の酸化数は次のような規則によって決められる．

(1) 単体を構成する原子の酸化数は0とする．

例：H_2（H：0），O_2（O：0），Cl_2（Cl：0），Fe（Fe：0）

(2) 単原子イオンの酸化数は，イオンの電荷に等しいとする．

例：H^+（H：＋1），Ca^{2+}（Ca：＋2），Fe^{3+}（Fe：＋3），Cl^-（Cl：－1）

⑶　電気的に中性の化合物においては，それを構成する原子の酸化数の総和は0とする．このとき，

　・水素原子の酸化数は＋1とする．ただし，NaH，CaH_2などの金属の水素化合物においては－1とする．

　・酸素原子の酸化数は－2とする．ただし，H_2O_2などの過酸化物においては－1とする．

例：H_2O：$(+1)×2+(-2)=0$，　　SO_3：$(+6)+(-2)×3=0$

⑷　多原子イオンの場合は，それを構成する原子の酸化数の総和はイオンの電荷に等しくなるようにする．

例：NH_4^+：$(-3)+(+1)×4=+1$，　　SO_4^{2-}：$(+6)+(-2)×4=-2$

　酸化数は，一つの原子やイオンの酸化状態を示すもので，酸化数の大きいものほど酸化状態が高いと考える．酸化数を用いると，反応前後で酸化数が増加している原子は酸化されている．逆に，酸化数が減少している原子は還元されていることになる（**表4-1**）．また，酸化・還元反応では，酸化と還元が同時に起こるので酸化数の増減した量（電子の授受の数）は，常に等しくなる．

　たとえば，酸化マンガン（Ⅳ）MnO_2と塩化水素HClとの酸化・還元反応において，マンガンと塩素の酸化数の増減は，以下のようになる．

$$\underset{(+4)}{MnO_2} + \underset{(-1)}{4HCl} \longrightarrow \underset{(+2)}{MnCl_2} + 2H_2O + \underset{(0)}{Cl_2}$$

　マンガンは酸化数が＋4から＋2に減少したので還元され，塩素は酸化数が－1から0に増加したので酸化されたことになる．

表4-1　酸化，還元の定義

	酸素（O）	水素（H）	電子（e^-）	酸化数
酸化される	得る	失う	失う	増加
還元される	失う	得る	得る	減少

3. 酸化剤，還元剤

　化学反応において，ほかの物質を酸化する働きをもつものを酸化剤という．一方，ほかの物質を還元する働きをもつものを還元剤という．したがって，酸化剤自身は還元されやすい物質であり，還元剤自身は酸化されやすい物質である．たとえば，ヨウ素（I_2）と亜鉛（Zn）の反応において酸化数の変化は次のようになる．

$$\underset{(0)}{I_2} + \underset{(0)}{Zn} \longrightarrow \underset{(+2)}{Zn}\underset{(-1)}{I_2}$$

　この反応で，ヨウ素は還元され酸化数が減少（0 →－1），亜鉛は酸化され酸化

数が増加（0 → + 2）したので，ヨウ素が酸化剤，亜鉛が還元剤として働いたことになる．

表 4-2 に代表的な酸化剤と還元剤を示す．

表 4-2　**代表的な酸化剤，還元剤とその反応**

酸化剤	反応式
酸化マンガン（IV）	$MnO_2 + 4H^+ + 2e^- \longrightarrow Mn^{2+} + 2H_2O$
過マンガン酸イオン	$MnO_4^- + 8H^+ + 5e^- \longrightarrow Mn^{2+} + 4H_2O$
濃硝酸	$HNO_3 + H^+ + e^- \longrightarrow H_2O + NO_2$
過酸化水素	$H_2O_2 + 2H^+ + 2e^- \longrightarrow 2H_2O$

還元剤	反応式
硫化水素	$H_2S \longrightarrow 2H^+ + S + 2e^-$
シュウ酸	$H_2C_2O_4 \longrightarrow 2H^+ + 2CO_2 + 2e^-$
ヨウ化カリウム	$2I^- \longrightarrow I_2 + 2e^-$
鉄（II）イオン	$Fe^{2+} \longrightarrow Fe^{3+} + e^-$

4.　酸化還元反応式

酸化剤と還元剤の反応では，移動する電子数が等しいときその反応が完結する．したがって，**表** 4-2 に示したような各酸化剤，還元剤の反応式を整数倍し，電子数を等しくして組み合わせることにより酸化還元反応式をつくることができる．たとえば，水溶液中で過酸化水素（H_2O_2）がヨウ化カリウム（KI）を酸化してヨウ素（I_2）が析出し褐色の溶液になるとき，この酸化還元反応式は，次のようにつくることができる．

（ヨウ化カリウム：還元剤）　　$2I^- \longrightarrow I_2 + 2e^-$　　　　　(iii)

（過酸化水素：酸化剤）　$H_2O_2 + 2H^+ + 2e^- \longrightarrow 2H_2O$　　(iv)

(iii) 式と（iv）式の和から，次のイオン式が得られる．

$$H_2O_2 + 2H^+ + 2I^- \longrightarrow 2H_2O + I_2$$　　　　　(v)

(iii) 式で省略した $2K^+$ を加えると，次式のような酸化還元反応式が得られる．

$$H_2O_2 + 2H^+ + 2KI \longrightarrow 2H_2O + I_2$$

歯の詰め物が黒くなる

　歯科用アマルガムは，約 65 ～ 70%含まれている銀が主成分で，その他，スズ，銅，亜鉛などとの合金である．このようなアマルガムの欠点の一つに変色がある．これは，主成分の銀が表面に硫化物皮膜を形成して黒色化したものである．銀の硫化物イオン（硫化水素など）による酸化反応である．なお，この反応は表面層に限られ，内部には影響しない．

$$4Ag + 2H_2S + O_2 \longrightarrow 2H_2O + 2Ag_2S\downarrow$$
（黒色）

2 金属のイオン化傾向

到達目標
1 金属のイオン化，イオン化傾向を説明する．
2 水，空気との反応，酸との反応を理解する．

1. 金属のイオン化列

　一般的に，金属元素は非金属元素に比べてイオン化エネルギーが小さく，電子を放出して陽イオンになりやすい．これは金属原子や水素の単体が水溶液中で，電子を放出して陽イオンになり，いくつかの水分子と結合（水和）することである．金属元素の違いによってこの水和する傾向の強さが異なり，この傾向をイオン化傾向という．

　たとえば，硫酸銅水溶液（$CuSO_4$）に鉄くぎ（Fe）を入れると，鉄くぎの表面は徐々に銅色に変化していく．これは鉄くぎの表面に銅が析出したからである．鉄の方が銅よりもイオン化傾向が大きく，鉄くぎの表面で次のような反応が起こっている．

$$Fe \longrightarrow Fe^{2+} + 2e^-（鉄原子は酸化され水溶液中に溶出する）$$

$$Cu^{2+} + 2e^- \longrightarrow Cu（銅イオンは還元され鉄くぎ表面に析出する）$$

　いろいろな金属と水素について，このイオン化傾向を比較し，大きさの順に並べたものを金属のイオン化列という（**表4-3**）．水素は金属元素ではないが，水溶液中で金属と同様に陽イオンになる性質があるので，比較のため，イオン化列に入れてある．

表4-3　金属のイオン化列

$$K > Ca > Na > Mg > Al > Zn > Fe > Ni > Sn > Pb$$
$$> H_2 > Cu > Hg > Ag > Pt > Au$$

2. イオン化傾向と金属の反応

　イオン化傾向が金属の種類で異なるということは，金属によって空気，水，酸，などとの反応性が異なることを意味する．したがって，イオン化列のより左側の金属ほどイオン化傾向が大きいので，水，空気，酸などと激しく反応する（**表4-4**）．

1）空気との反応

　イオン化系列の左端付近にあるカリウム（K），カルシウム（Ca）やナトリウム（Na）は，常温においても乾燥した空気中の酸素によってすぐに酸化される．また，加熱することにより，水銀（Hg）まで酸化することができる．

$$4Na + O_2 \longrightarrow 2Na_2O$$

263-00521

表 4-4　金属のイオン化傾向と反応性の違い

	物　質	K	Ca	Na	Mg	Al	Zn	Fe	Ni	Sn	Pb	H_2	Cu	Hg	Ag	Pt	Au
乾燥空気	常温	→	→	→													
	加熱	→	→	→	→	→											
	強熱	→	→	→	→	→	→	→	→	→	→	→	→	→	→		
水	常温	→	→	→													
	高温	→	→	→	→												
	水蒸気	→	→	→	→	→	→	→									
酸	希塩酸, 希硫酸	→	→	→	→	→	→	→	→	→	→						
	硝酸, 熱濃硫酸	→	→	→	→	→	→	→	→	→	→	→	→	→	→		
	王水	→	→	→	→	→	→	→	→	→	→	→	→	→	→	→	→

2) 水との反応

イオン化傾向の大きい，カリウム（K），カルシウム（Ca）やナトリウム（Na）などは，冷水でも反応して水酸化物になり，水素を発生する．マグネシウム（Mg），アルミニウム（Al），亜鉛（Zn），鉄（Fe）などは，冷水とは反応しないが，高温の水蒸気と反応する．

$$Mg \ + \ 2H_2O \ \longrightarrow \ Mg(OH)_2 \ + \ H_2\uparrow$$
$$2Al \ + \ 3H_2O \ \longrightarrow \ Al_2O_3 \ + \ 3H_2\uparrow$$

また，イオン化傾向がニッケル（Ni）より小さい金属は，水とはほとんど反応しない．

3) 酸との反応

水素よりイオン化傾向が大きい金属は，希塩酸（HCl）や希硫酸（H_2SO_4）などの酸と反応して，水素を発生する．

$$Fe \ + \ 2HCl \ \longrightarrow \ FeCl_2 \ + \ H_2 \uparrow \qquad\qquad (vi)$$
$$Zn \ + \ H_2SO_4 \ \longrightarrow \ ZnSO_4 \ + \ H_2 \uparrow \qquad\qquad (vii)$$

上記（vi）式の電子の移動は次のようになり，それぞれが酸化剤，還元剤として働いていることになる．

$$\underset{還元剤}{Fe} \ \longrightarrow \ \underset{酸化剤}{Fe^{2+}+2e^-}, \qquad \underset{酸化剤}{2H^++2e^-} \ \longrightarrow \ \underset{還元剤}{H_2}$$

水素よりイオン化傾向が小さい銅（Cu），水銀（Hg），銀（Ag）などは，希塩酸や希硫酸とは反応せず，硝酸や熱濃硫酸のような酸化力が強い酸とは反応して，水素以外の一酸化窒素（NO），二酸化窒素（NO_2），二酸化硫黄（SO_2）などを発生する．

$$Cu \ + \ 2H_2SO_4 \ \longrightarrow \ CuSO_4 \ + \ SO_2 \uparrow \ + \ 2H_2O$$
$$Ag \ + \ 2HNO_3 \ \longrightarrow \ AgNO_3 \ + \ NO_2 \uparrow \ + \ H_2O$$

金（Au）や白金（Pt）は，イオン化傾向が小さく安定で，一般的には酸と反応しないが，非常に酸化力の強い王水（濃硝酸と濃塩酸を 1：3 の体積比で混合した溶液）には溶ける．

王水は，濃硝酸と濃塩酸が混合溶液中で平衡状態にあり，塩化ニトロシル（橙色の気体）が溶けている.

$$HNO_3 \ + \ 3HCl \ \rightleftarrows \ \underset{\text{塩化ニトロシル}}{NOCl} \ + \ Cl_2 \ + \ 2H_2O$$

白金とは次のように反応し，溶解することができる.

$$Pt \ + \ 2NOCl \ + \ Cl_2 \ + \ 2HCl \ \longrightarrow \ \underset{\text{ヘキサクロロ白金（IV）酸}}{H_2[PtCl_6]} \ + \ 2NO$$

●章末問題 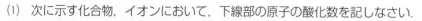 Exercise ●

(1) 次に示す化合物，イオンにおいて，下線部の原子の酸化数を記しなさい.

① $\underline{H}NO_3$　　② $\underline{Cl}O^-$　　③ $H_3\underline{P}O_4$　　④ $K_2\underline{Cr}_2O_7$

⑤ $\underline{Mn}O_4^-$

(2) 次の反応①から③において，それぞれ酸化剤，還元剤を示しなさい.

① $H_2O_2 \ + \ 2HI \ \longrightarrow \ 2H_2O \ + \ I_2$

② $CuO \ + \ H_2 \ \longrightarrow \ Cu \ + \ H_2O$

③ $4HCl \ + \ MnO_2 \ \longrightarrow \ Cl_2 \ + \ MnCl_2 \ + \ 2H_2O$

(3) 次の水溶液①から③に，鉄板を入れたとき，その表面で起こる変化を，イオン反応式で示しなさい.

① $AgNO_3$　　② $ZnSO_4$　　③ $CuCl_2$

263-00521

5章

化学反応では原子の組換えが起こっている

5 化学反応では原子の組換えが起こっている

　化学反応と聞くと，試験管内で起こる色変化や手品などをイメージする人も多い
だろう．しかし，体の中では，朝も夜も，体のありとあらゆる場所で，化学反応が
進行している．私たちが，友人とおしゃべりをしたり，テニスをしたり，本を読ん
だりなど，いろいろなことができるのはみんな化学反応のおかげである．化学反応
とは何だろうか．

1 化学反応の速さを決めているもの

到達目標

1　水素の燃焼を例にとり，水素と酸素の原子の組換えにより水ができること
　を説明する．

2　水素とヨウ素からヨウ化水素ができる反応を例にとり，活性化エネルギー
　を概説する．

3 - ❶　化学反応の速さが濃度や温度によって変化することを概説する．

　 - ❷　過酸化水素が水と酸素に分解する反応を例にとり，触媒の働きを概
　説する．

1. 化学反応とは

　分子の中の化学結合が切られたり，新しい化学結合がつくられることを化学反応
（または化学変化）という（図 5-1）．化学反応が起こると，もとの物質はその性質
を失って，違う物質に変化する．また，化学反応では原子の組み合わせが変化する
が，原子そのものが新たに生成することも，消滅することもない．たとえば，水素
H_2 が燃焼するときの化学反応は，$2H_2 + O_2 \longrightarrow 2H_2O$ と表すことができる．こ
の反応では，水素分子（H_2）と酸素分子（O_2）が衝突して原子の組換えが起こり，水
（H_2O）ができる．このとき，反応の前後で水素原子（H）と酸素原子（O）の数は変
化しない．

　水を加熱すると水蒸気になり，冷却すると氷になるが，この現象は水（H_2O）そ

263-00521

のものが別の物質に変化したのではなく，状態が変化したことによる．したがって，この変化は物理変化であり，化学反応とはよばない．

1種類の物質が化学反応によって2種類以上の物質に分かれることを分解，2種類以上の物質が結合して1種類の物質になることを化合，化学反応により新しい物質をつくることを合成という．

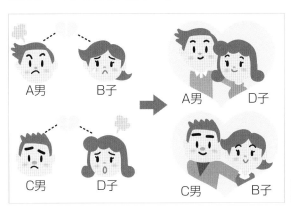

図5-1　化学反応とは
カップルの再編に似ている

2. 化学反応式の表し方

化学式を使って化学反応を表した式を化学反応式という．ここでは，過酸化水素（H_2O_2）が水（H_2O）と酸素（O_2）に分解する化学反応を例にとり，化学反応式の表し方を説明する．

（考え方）

❶矢印→の左辺に反応前の物質（反応物）を，右辺に反応後の物質（生成物）を書く．

過酸化水素　⟶　水　＋　酸素

❷化合物を化学式で表す．

H_2O_2　⟶　H_2O　＋　O_2

❸矢印→の両辺で，同じ種類の原子の数が合うようにする．

酸素原子（O）の数を合わせるために右辺に H_2O を1個増やす．

次に，水素原子（H）の数を合わせるために左辺に H_2O_2 を1個増やす．

H_2O_2　＋　H_2O_2　⟶　H_2O　＋　H_2O　＋　O_2

これで両辺の原子の数が等しくなったので，分子に係数をつける．

$2H_2O_2$　⟶　$2H_2O$　＋　O_2

化学反応式がよく使われるのは，次の例のように，その係数から反応する物質（反応物）と反応してできる物質（生成物）の分子数や物質量（モル，mol）などの量的関係が容易にわかることによる．

（例）	2CO	+	O_2	→	$2CO_2$
分子数	2個		1個		2個
物質量	2mol		1mol		2mol
	$(2×6.02×10^{23}$個$)$		$(6.02×10^{23}$個$)$		$(2×6.02×10^{23}$個$)$
質量	$2×28g$		32g		$2×44g$
体積（0℃，1気圧）	$2×22.4l$		$22.4l$		$2×22.4l$

3. 活性化エネルギー

　化学反応では原子の組換えが起こる．では，この原子の組換えはどのような仕組みで起こるのだろうか．水素（H_2）とヨウ素（I_2）からヨウ化水素（HI）ができる反応を例にとって考えてみよう．

$$H_2 + I_2 \longrightarrow 2HI$$

　化学反応が起こるためには，水素（H_2）とヨウ素（I_2）が出会い，衝突することが絶対条件となる．衝突した水素（H_2）とヨウ素（I_2）はくっつき，活性化状態とよばれる中間体を経由してヨウ化水素（HI）となる．

　反応物質を活性化状態にするために必要なエネルギーを活性化エネルギーという．したがって，活性化エネルギー以上のエネルギーをもつ分子だけが反応に関与できる（**図5-2，3**）．

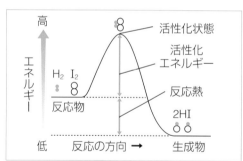

図5-2　**活性化状態と活性化エネルギー**
反応物から生成物ができるにはひと山越えなければならない．この山越えをするためのエネルギー（活性化状態にするためのエネルギー）を活性化エネルギーとよぶ

図5-3　**出会いと衝突**
あのときの衝突がなければ，結婚していなかった

4. 化学反応の速さを変える要因

　化学反応には，ガスの爆発のような瞬時に終わる速い反応と，金属がさびるように長い年月をかけて進行する遅い反応がある．化学反応の速さを変える要因には反応物質の濃度，反応温度，触媒の三つがある．

1）濃度と反応の速さ

　濃度が高くなると，分子の衝突回数が増えるので反応速度は大きくなる（**図5-4**）．

263-00521

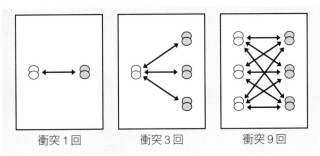

図 5-4　濃度と衝突頻度
衝突頻度は濃度の積に比例する

2）温度と反応の速さ

温度が高くなると，分子の運動速度が増し，活性化エネルギー以上のエネルギーをもつ分子の数が増えるため，反応速度は著しく増加する（**図 5-5**）.

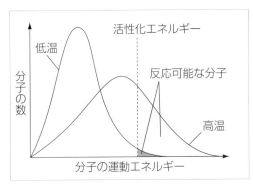

図 5-5　温度と分子の運動エネルギー分布
温度が上昇すると反応可能な分子の数が増える

3）触媒と反応の速さ

触媒とは，それ自身は変化せず，反応の速さを大きくする物質をいう.

触媒は活性化状態になるのを手助けする．すなわち，活性化エネルギーを低下させることにより活性化状態になる分子の数を増加させ，反応速度を促進する（**図 5-6**）.

生体内でみられる多くの化学反応では，タンパク質からなる酵素が触媒として働いている（**図 5-7**）.

傷口の消毒剤であるオキシドール（3w/v%過酸化水素 H_2O_2 液）は，そのままでは変化がないが，傷口につけると泡が出てくる．これは，過酸化水素（H_2O_2）が傷口にあるカタラーゼという酵素によって分解され，酸素（O_2）が泡となって出てくることによる.

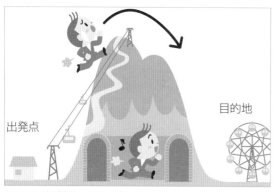

図5-6　活性化エネルギーの低下
山越えしなくても，トンネルを通れば，体力のない人でも目的地に行くことができる

図5-7　触媒の働き
触媒の働きはキューピットに似ている

出発点／目的地／触媒

実験　化学カイロをつくろう

　冷え性の女性にとっては冬の必需品といえる使い捨て化学カイロだが，化学カイロは，なぜ温かくなるのだろうか．

　鉄を空気中に放置すると赤くさびてくる．これは鉄が空気中の酸素により酸化され，酸化鉄になるためである．この反応は反応熱を発生するが，鉄の酸化反応はゆっくり進むため，さびた鉄をさわっても熱を感じることはない．しかし，この反応をスピードアップすれば，反応熱を感じることができる．

　化学カイロは，以下のように簡単につくることができる．

（材料）鉄粉，活性炭粉末，5％食塩水

（方法）①紙の封筒に活性炭粉末を5g入れる．②5％食塩水を活性炭粉末が湿る程度に入れる．③鉄粉5gを入れ，全体を軽く振る．④封筒をチャック付ポリ袋に入れる（ポリ袋に数カ所小さな穴をあけておく）．

　鉄粉を使用するのは酸素と触れる面積を大きくするためであり，食塩水は反応の触媒として働く．また，活性炭粉末は酸素を吸着するため，反応熱を持続させる．

263-00521

2 化学平衡って何だろう

到達目標

1 水素とヨウ素からヨウ化水素ができる反応を例にとり，可逆反応を概説する．

2 水素とヨウ素からヨウ化水素ができる反応を例にとり，化学平衡を概説する．

3 水素とヨウ素からヨウ化水素ができる反応を例にとり，化学平衡の法則（質量作用の法則）を概説する．

4 平衡状態にある可逆反応を例にとり，ルシャトリエの原理を概説する．

平衡とは，見かけ上の変化が起こらなくなった状態をいう．たとえば，骨においては，成長期を過ぎると，その大きさや重さがほとんど変わらない．これは新陳代謝がないのではなく，新しくつくられる骨の量と古くなって壊される骨の量がつりあっているために，見かけ上変化がないように見えるためである（**図 5-8**）．

化学反応でも，反応物から生成物の反応が途中で進行しなくなり，見かけ上反応の進行が止まっているように見えることがある．これを化学平衡という．

ボクの骨は，つくられているスピードと，こわしているスピードが同じだから見かけ上は，大きさも重さも変化しないんだよ．でも，およそ20カ月でリニューアルしちゃうんだ．

図 5-8　平衡とは

1. 可逆反応

水素（H_2）とヨウ素（I_2）を高温に保つとヨウ化水素（HI）ができる．しかし，この反応は完全に進行せず，一部がヨウ化水素（HI）になると，見かけ上，反応が停止する．

$$H_2 \ + \ I_2 \ \underset{逆反応}{\overset{正反応}{\rightleftharpoons}} \ 2HI$$

263-00521

　ここで，化学反応式において，左辺から右辺への右向きの変化を正反応，右辺から左辺への左向きの変化を逆反応とよぶ．また，正反応と同時に逆反応も起こる反応を可逆反応，逆向きの反応が起こらないものを不可逆反応という．

2.　化学平衡

　化学平衡では，なぜ途中で反応が止まってしまうように見えるのだろうか．化学平衡では可逆反応が起きており，正反応（右向き）の速さと逆反応（左向き）の速さが等しくなるために，見かけ上反応が停止しているかのように見える（**図5-9**）．

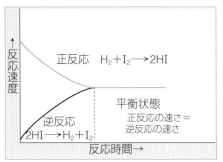

図5-9　$H_2 + I_2 \rightleftarrows 2HI$ の反応速度の変化
平衡状態では→方向の反応の速さと←方向の反応の速さが等しい

3.　化学平衡の法則（質量作用の法則）

　平衡状態では，正反応（右向き）の速さ（V_1）と逆反応（左向き）の速さ（V_2）が等しくなるので，反応物と生成物のモル濃度の間に次の関係式が成立する．

　たとえば，$aA + bB \rightleftarrows cC + dD$ が平衡状態にあるとき，

　$V_1 = k_1 [A]^a [B]^b$，$V_2 = k_2 [C]^c [D]^d$

　平衡時は$V_1 = V_2$なので，$k_1 [A]^a [B]^b = k_2 [C]^c [D]^d$

　変形すると，

$$K（一定）= \frac{k_1}{k_2} = \frac{[C]^c [D]^d}{[A]^a [B]^b} \qquad （ⅰ）$$

　[　]はモル濃度，Kは平衡定数（温度一定のとき濃度に関係なく一定）を表す．

　また，（ⅰ）式で表される関係を化学平衡の法則または質量作用の法則という．

（例題1）次の反応の平衡定数を生成物と反応物の濃度を用いた式で表しなさい．

　　　$H_2 + I_2 \rightleftarrows 2HI$

（考え方）平衡状態では，化学平衡の法則が成り立つので，（ⅰ）式が成立する．

　　　　　　　　　　　答．$K = \dfrac{[HI]^2}{[H_2][I_2]}$

コラム

う蝕（むし歯）で歯が溶ける理由

A先生「僕たちが歯を失う原因にはいろいろあるんだけど，そのベスト２って何か知ってる？」

Bさん「この前，習ったわ．歯周病とむし歯．歯科の二大疾患といわれてます．」

A先生「ピン，ポーン．正解です．では，むし歯ってどんな病気だろう？」

Bさん「え～と，歯にくっついているプラークにはいっぱい細菌がいて，砂糖が口に入ってくると酸をつくり，その酸が歯の無機質成分を溶かすんだったよね．」

A先生「忘れたかもしれないけど，酸とは水素イオン（H^+）のことで，歯の無機質成分が溶けるのはカルシウムイオン（Ca^{2+}）とリン酸イオン*になるからだったよね．」

Bさん「酸性になると，どうして歯が溶けるの？」

A先生「歯の無機質成分はヒドロキシアパタイト（HA）とよばれるリン酸カルシウムの結晶でできているんだ．ちょっと難しいけど，ヒドロキシアパタイト（HA）が酸に溶ける反応は次のように表すことができる．

HA＋H^+⇄Ca^{2+}＋[リン酸イオン]

左右の化学式が⇄で結ばれているだろう．だから，化学平衡の法則が適用できるんだったよね．でも，ヒドロキシアパタイト（HA）のような

固体は平衡に影響を与えないことがわかっているから，無視していい．だから，次のような式が成立することになるんだ．

$$\frac{[Ca^{2+}][\text{リン酸イオン}]}{[H^+]} = K$$

Kは一定の値をとるよね．じゃあ，分母の値が大きくなったら，分子の値はどうなる？」

Bさん「大きくなる．そうか，わかったわ．酸性になるということは水素イオン（H^+）が増えることだから，水素イオン（H^+）が増えれば，カルシウムイオン（Ca^{2+}）やリン酸イオンも増えなければならないことになり，だから歯が溶けるのね．」

*血液や唾液中に存在するリン酸イオンは$H_2PO_4^-$とHPO_4^{2-}である．弱酸性では$H_2PO_4^-$の割合が多くなる

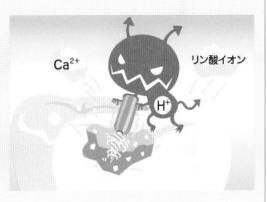

Ca^{2+}　　　リン酸イオン　　H^+

4. ルシャトリエの原理（平衡移動の原理）

可逆反応が平衡状態にあるとき，濃度，温度，圧力などの条件を変化させると，その変化をやわらげる方向に平衡が移動する．これをルシャトリエの原理または平衡移動の原理という（**図5-10**）．

図5-10　ルシャトリエの原理
いくら温泉好きの私でも，熱すぎるのはニガテよ

（例題2）次の反応が平衡状態にあるとき，①②の操作によって，平衡はどちらに移動するか．

$$NH_3 \ + \ H_2O \ \rightleftharpoons \ NH_4^+ \ + \ OH^-$$

①水（H_2O）を加える

② NH_4Cl を加える

（考え方）

①ルシャトリエの原理より，加えた H_2O を減少する方向に平衡は移動する．

答．右向き

②加えた NH_4Cl は電離して NH_4^+ と Cl^- になる．よって，ルシャトリエの原理より，平衡は NH_4^+ を減らす方向に移動する．

答．左向き

●章末問題 ———————————————————— Exercise ●

(1) 水素ガスを燃やすと水ができる．この反応を化学反応式で表しなさい．

(2) 活性化エネルギーを説明しなさい．

(3) 化学反応の速さを変える三つの要因を説明しなさい．

(4) 水素とヨウ素からヨウ化水素が生成する反応を例にとり，可逆反応と平衡状態を説明しなさい．

(5) 歯の無機質成分が酸によって溶ける現象を①化学平衡の法則，②ルシャトリエの原理を用いて説明しなさい．

(6) オキシドール（3w/v%過酸化水素水）を放置していても，目に見える変化は起こらないが，生の肝臓の小片を入れると酸素 O_2 が発生する．この理由を説明しなさい．

263-00521

有機化合物とは何だろう

6　有機化合物とは何だろう

1　有機化合物の成り立ち

到達目標

1 有機化合物の特徴を説明する.

2 - **①** 単結合, 二重結合, ベンゼン環の構造を説明する.

- **②** 官能基の特徴を説明する.

- **③** 有機化合物の化学式を書く.

1. 有機化合物とは

　19世紀初めまでは, 生物の生命活動によってつくられる物質を有機化合物, それ以外の鉱物などを無機化合物として区別していた. しかし, 1828年ウェーラーが, 初めて無機化合物のシアン酸アンモニウムを加熱することにより, 有機化合物である尿素を人工的に合成したことから, これまでの有機化合物の定義を書き換える必要が生まれた. 現在では, 有機化合物は, 主に炭素を含む化合物をさし, 無機化合物は, 炭素以外の物質からなる化合物をさす言葉としてとらえられている.

　有機化合物は, C, H, N, O, S, ハロゲンなど限られた元素からなるが, 炭素原子が互いに共有結合で次々に結合していることから, さまざまな炭素骨格の構造をとるため, 化合物の種類はきわめて多く9000万種以上にも達すると推定されている.

　無機化合物と比較して, 分子性結晶からなるものが多く, 融点・沸点は比較的低い(融点が300℃以下のものが多い). また, 分子の極性が弱いため水に溶けにくく, 有機溶媒に溶けやすいといった性質をもっている. 有機化合物の多くは空気中で燃え, 完全燃焼すると二酸化炭素と水などを生じるが, 化合物中の炭素の割合が多い化合物は不完全燃焼によりススが出る.

263-00521

2. 原子を結ぶ結合（共有結合とオクテット則）

　化学結合生成に関する初期の理論として，1919年ルイスらは，原子は相手の原子に電子を与えるか，相手から電子を受け取る，あるいは電子を共有してHe，Ne，Arなどの希ガスと同じように，最外殻の電子軌道が電子で満たされた電子配置をとり安定化するとするオクテット則（octet rule）を提唱した．原子と原子が結合してそれぞれ希ガスの電子配置をとるには，原子間で電子を授受する無機化合物で多くみられるイオン結合と，二つの原子間で電子を共有する共有結合がある．後者が，有機化合物の最も一般的な結合法である．

　炭化水素であるメタンについてみてみると，水素原子は1電子を炭素原子の1電子と共有することで，Heと同じ電子配置をとり安定化している．また，炭素原子にとっては，4個の水素原子と電子を2個ずつ共有して8個の電子を最外殻にもつことからオクテットを満たし安定化している（**図6-1**）．

図6-1　メタンの電子配置

1）特徴を与える構造（官能基）

　飽和炭化水素は反応性に乏しいが，O，N，S，ハロゲンなどのヘテロ原子（炭素以外の原子）を導入すると，独特な化学的性質をもつようになる．化学的性質は，ハロゲン原子やこれらの原子によって構成された原子団によって生じることから，これらを官能基（functional group）とよんでいる．同一の官能基をもつ化合物は，共通の性質を示す場合が多い（**図6-2**）．さらに，化合物に含まれる二重結合などの不飽和結合も化学反応（付加反応）を起こす特性があるため，これらも官能基に含めている．

　一方，これらの原子団は，化学構造式を書くうえで炭化水素の水素原子と置き換えることから置換基ともいう．原子団の構造を表すだけで必ずしも特別な化学的性質をもたない炭化水素なども含めたものである．

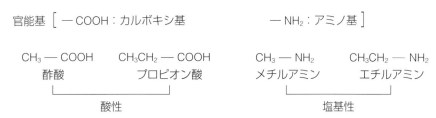

図6-2　官能基による共通した性質

263-00521

2) 化学式を書いてみよう

　有機化合物は，無機化合物に用いられていた各元素種とその数を表した分子式では正確に表すことができない．化合物を表示する最も簡単なものはルイス構造式で，価電子を点で示し，原子の結合を表している．一方，有機化学で頻用される簡略構造式では，共有結合の電子対を1本線で，二重結合など2組の電子対を共有する場合には，二重線で表し，より簡略に書きやすいものとなっている．また，特有の性質を示す置換基については，一団として結合を表す線を省略して表している．さらに，共有結合に関与しない非共有電子対を省略することもある．

　上記のような方法で，構造式を書いてみるとかなり大きなスペースを必要とする．また，一見して化合物の特徴がつかみにくいといった欠点がある．そこで，分子に含まれる官能基や骨格をまとまりとして表現した示性式が用いられ，これにより，容易に有機化合物の性質や特徴をつかむことができる．**図6-3**にそれぞれの表記に従った構造を示した．

メタンの立体構造

　メタンの炭素原子に結合する水素原子の結合方向は，お互いの干渉の少ない方向となり，炭素原子を正四面体の中心に置くと，各頂点の方向に位置している．

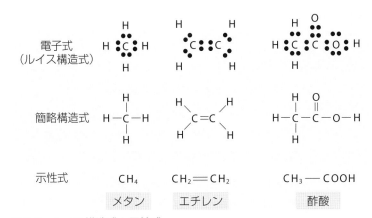

図6-3　ルイス構造式と示性式

　実際に初心者が有機化合物の構造を書く場合には，ルイス構造式で書くとわかりやすい．化合物を構成する元素は，先に述べたように大変少ないので，主な元素について結合電子対を元素から伸びる線で表した（**図6-4**）．

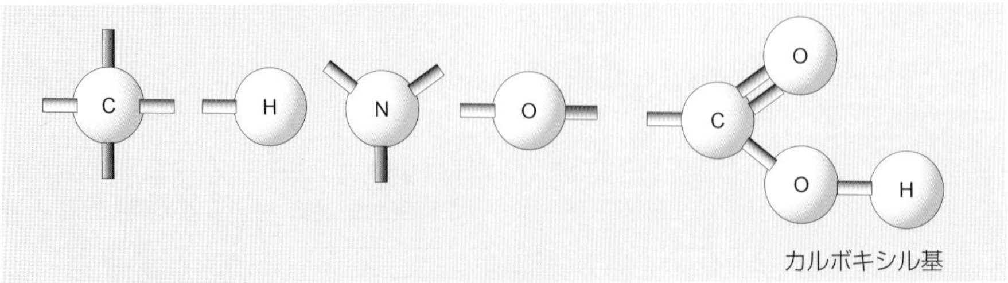

図6-4　有機化合物に含まれる主な元素や官能基

　これらをパーツのように結合を余さず組み上げることで，有機化合物を表すことができる．また，官能基も同様にパーツとして扱い種々の構造を書いてみよう．次

263-00521

に，示性式として表すことにより一般に用いられる構造を表すことができる（**図 6-5**）．

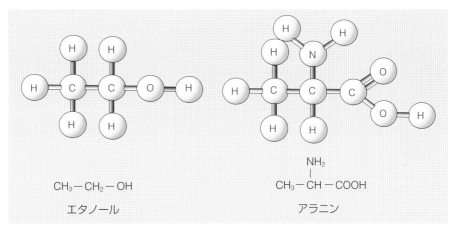

$$CH_3-CH_2-OH$$

エタノール

$$CH_3-\underset{\underset{NH_2}{|}}{CH}-COOH$$

アラニン

図 6-5　組み上げた構造式

　一方，ベンゼンに代表される芳香族化合物の構造を表すときには，さらに簡略された直線表示式が用いられることが多い．この表示式では，炭素原子および水素原子が省略され，骨格は線でのみ表されるが，窒素，酸素およびこれらの原子に結合した水素は省略しないで示すことになっている．直線の角度が変わった部分に炭素原子があることになる．また，環状構造部分を直線表示し，環状構造に結合した部分は置換基として炭素，水素原子を表記する場合も多くみられる．

　ベンゼンの構造を例にとって構造の表し方の違いを見てみるとよくわかる．

　ベンゼンは炭素 6 個と水素 6 個より構成され，炭素原子が平面上で正六角形に結合した環状の構造をとり，単結合と二重結合が交互に並んだ構造式（ケクレ構造）で表すと**図 6-6** の（1），炭素，水素原子を省略した直線表示式では（2）となる．しかし，本来ベンゼン環上の電子は均等に存在するため，実際構造に近い電子配置を円で表す（3）が近年用いられるが，いずれもベンゼンの構造を表していることはいうまでもない．

（1）ケクレ構造　　　（2）直線表示式　　　（3）電子配置に近い表し方

図 6-6　ベンゼンの構造

2 有機化合物に名前をつける

　古くから知られている有機化合物の名称は，構造とは関係なく化合物に由来する植物や動物の学名に基づく名称，また，発見者の名前，物質の特徴などから名づけられているものが多い．これらは慣用名とよばれるが，名称から化合物をイメージすることが難しく，構造に基づく系統的な命名が必要になった．そこで，国際純正および応用化学連合（International Union of Pure and Applied Chemistry：IUPAC）によって，化合物を系統的な名称で名づける国際ルールが決められた．主に置換基の特徴づけによる方法で，名称により化合物の特徴や性質をつかむことができ，また，簡単に構造を書くことができる．一方，慣用名も長い歴史のなかで生活に根づいたものも多く存在し，現在でも使用されているものもある．

1. 炭化水素の名称

　有機化合物は主に炭素と水素よりなることから，母体を炭化水素（hydrocarbon）と考え，構造により**表 6-1** に示したように分類することができる．その中で，鎖状の飽和炭化水素は脂肪族化合物の基本の構造で，C_nH_{2n+2} で表され，これらの一群をアルカン（alkane）とよぶ．

表 6-1　炭化水素の分類名称

　二重結合あるいは三重結合を1カ所以上含む不飽和炭化水素化合物の一群は，それぞれアルケン（C_nH_{2n}），アルキン（C_nH_{2n-2}）とよばれ，飽和炭化水素を表す接尾語 ane を二重結合を含むものは ene，三重結合を含むものは yne と置き換え命

263-00521

名することができる.

アルカンに分類される化合物は，炭素の数により，**表 6-2** に示す個々の名称がある.

一般に，炭素原子 1 〜 4 までのメタン（CH_4），エタン（C_2H_6），プロパン（C_3H_8），ブタン（C_4H_{10}）までは慣用名を用いるが，炭素 5 以上は数詞（**表 6-3**）に飽和炭化水素を表す接尾語 ane をつけて表す.

表 6-2　直鎖飽和炭化水素の名称

炭素数	名称	
1	メタン	methane
2	エタン	ethane
3	プロパン	propane
4	ブタン	butane
5	ペンタン	pentane
6	ヘキサン	hexane
7	ヘプタン	heptane
8	オクタン	octane
9	ノナン	nonane
10	デカン	decane

表 6-3　化学で用いるギリシャ語の数詞

1	mono	（モノ）
2	di	（ジ）
3	tri	（トリ）
4	tetra	（テトラ）
5	penta	（ペンタ）
6	hexa	（ヘキサ）
7	hepta	（ヘプタ）
8	octa	（オクタ）
9	nona	（ノナ）
10	deca	（デカ）

2.　主な置換基の名称

化学構造式を書くうえで炭化水素の水素原子と置き換える官能基などのことを，置換基といい，特有の化学的な性質を示すものが多い．代表的な置換基を化合物とともに**表 6-5** に示した．たとえば，ヒドロキシ基（水酸基：$-OH$）を分子中に含む化合物は，アルコールに分類され殺菌性など共通の性質を示す.

一般に，構造を書く場合，置換基の一団を一つのパーツと考え，炭化水素の 1 個の水素原子と置き換え組み立てることができる．また，飽和炭化水素の水素原子を 1 個除いた残り（C_nH_{2n+1}）をアルキル基とよび，炭素数が同じ炭化水素の語尾 ane を yl とかえて表し，置換基と同じように扱うことができる（**表 6-4**）．アルキル基を総称する場合には，$R-$ と表すことが多い.

表 6-4　代表的なアルキル基

	アルキル基			
メチル	methyl	CH_3-	第2級ブチル *sec*-butyl	$\begin{array}{c} CH_3CH_2CH- \\ \mid \\ CH_3 \end{array}$
エチル	ethyl	CH_3CH_2-		
プロピル	propyl	$CH_3CH_2CH_2-$	イソブチル isobutyl	$\begin{array}{c} CH_3CHCH_2- \\ \mid \\ CH_3 \end{array}$
イソプロピル	isopropyl	$\begin{array}{c} CH_3CH- \\ \mid \\ CH_3 \end{array}$	第3級ブチル *tert*-butyl	$\begin{array}{c} CH_3 \\ \mid \\ CH_3C- \\ \mid \\ CH_3 \end{array}$
ブチル	butyl	$CH_3CH_2CH_2CH_2-$		

表 6-5　有機化合物の主な置換基

置換基名	化合物分類名	官能基	化合物例	名称
単結合	アルカン	$-\overset{\|}{\underset{\|}{C}}-\overset{\|}{\underset{\|}{C}}-$	CH_4　CH_3-CH_3	メタン, エタン
二重結合	アルケン	$>C=C<$	$H_2C=CH_2$	エチレン
三重結合	アルキン	$-C\equiv C-$	$HC\equiv CH$	アセチレン
ハロゲン基	ハロゲン化物	$-X$	CH_3-Cl	クロロメタン
ヒドロキシ基（水酸基）	アルコール	$-OH$	CH_3CH_2-OH	エタノール
ヒドロキシ基（水酸基）	フェノール	$-OH$	ベンゼン環$-OH$	フェノール
ホルミル基（アルデヒド基）	アルデヒド	$-C\overset{H}{\underset{\text{‖}O}{}}$	$CH_3-C\overset{H}{\underset{\text{‖}O}{}}$	アセトアルデヒド
カルボニル基	ケトン	$-\underset{\text{‖}O}{C}-$	$CH_3-\underset{\text{‖}O}{C}-CH_3$	アセトン
カルボキシ基（カルボキシル基）	カルボン酸	$-C\overset{OH}{\underset{\text{‖}O}{}}$	$CH_3-C\overset{OH}{\underset{\text{‖}O}{}}$	酢酸
アミノ基	アミン	$-NH_2$	ベンゼン環$-NH_2$	アニリン
ニトロ基	ニトロ化物	$-NO_2$	ベンゼン環$-NO_2$	ニトロベンゼン
スルホ基	スルホン酸	$-SO_3H$	ベンゼン環$-SO_3H$	ベンゼンスルホン酸

表 6-6　代表的な官能基の優先順位

	官能基名	化合物分類名	接頭語		接尾語	
1	カルボキシ基	カルボン酸	カルボキシ	carboxy	カルボン酸	oic acid
2	ホルミル基	アルデヒド	ホルミル	formyl	アール	al
3	カルボニル基	ケトン	オキソ	oxo	オン	one
4	ヒドロキシ基	アルコール	ヒドロキシ	hydroxy	オール	ol
5	アミノ基	アミン	アミノ	amino	アミン	amine

263-00521

コラム

IUPAC 命名法

国際純正および応用化学連合（IUPAC）の命名法は，置換基を用いた命名法である．化合物の名称の構成は以下の順序になっている．

（位置番号）置換基名（接頭語）－ 母体（主鎖）－ 主官能基名・不飽和結合（接尾語）

① 分子中の母体となる最も長い炭素鎖を選び主鎖とする．枝分かれのある場合には主な官能基あるいは不飽和結合を含む最長の炭素鎖を主鎖とする．

② 主な官能基の中で，表6-6にある最上位にあるものを選び接尾語で示す．ほかの官能基や置換基は接頭語として表す．置換基の数が2個以上のときはアルファベット順に，また，同一の置換基が複数ある場合には，数を表す di（ジ，2個），tri（トリ，3個）などの数詞を置換基の前につけその数を表す．

③ 母体となる炭素骨格に位置番号をつけるが，主官能基および不飽和結合に小さい番号がつくようにする．

④ これを上記の順序で続け，位置番号をハイフンでつなげることで，化合物を命名する．

以上に基づいて化合物を命名してみよう．

（例1）

$$\overset{6}{CH_3}-\overset{5}{CH_2}-\overset{4}{\underset{OH}{C}}-\overset{3}{\underset{CH_3}{CH}}-\overset{2}{CH_2}-\overset{1}{COOH}$$ （上に CH₃）

① 主官能基を決定し，接尾語を決める．
  -oic acid

② 母体となる炭素鎖を決め，鎖状炭素に位置番号をつける．
  -hexanoic acid

③ 主官能基以外の置換基をアルファベット順に並べ，位置番号をつけ接頭語とする．

同一の置換基が2個あるので，数詞 di をつける．数詞は，アルファベット順には含まない．4-hydroxy，3-methyl，4-methyl
  4-hydroxy-3,4-dimethyl

④ 置換基—母体炭素—官能基の順に並べ置換基命名法で命名する．

化合物名：
  4-Hydroxy-3,4-dimethylhexanoic acid

（例2）

$$CH_3-\overset{}{CH_2}-\overset{\overset{NH_2}{|}}{\underset{2}{C}}-\overset{}{\underset{1}{CH_2}}-OH$$
$$\overset{}{\underset{5}{CH_3}}-\overset{}{\underset{4}{CH_2}}=\overset{}{\underset{3}{CH}}$$

① -ol
② 3-pentene ol → pentenol
③ 2-amino，2-ethyl
④ 2-Amino-2-ethyl-3-pentenol

---

③ 同じ原子から違った構造が

到達目標

1 - ❶ 構造異性体を説明する．
  - ❷ 組成式から構造異性体を書く．
2 立体異性体を説明する．
（◆光学異性体を説明する）

1. 構造異性体

有機化合物を組成だけで示す分子式では正確に表現できない．これは，**図6-7**に示すように分子式が同じであっても，原子の結合順序がお互いに異なる化合物（構造異性体）が存在するためである．

官能基の種類が異なる構造異性体を官能基異性体（1），置換基の位置が異なる異性体を位置異性体（2），そして骨格構造が異なるものを骨格異性体（3）という．

（1）C_2H_6O　　　CH_3-O-CH_3　　　CH_3-CH_2-OH　　　官能基異性体

（2）C_3H_8O　　　$\underset{\overset{|}{OH}}{CH_3-CH-CH_3}$　　　$CH_3-CH_2-CH_2-OH$　　　位置異性体

（3）C_4H_{10}　　　$CH_3-CH_2-CH_2-CH_3$　　　$\underset{\overset{|}{CH_3}}{CH_3-CH-CH_3}$　　　骨格異性体

図6-7　さまざまな構造異性体

以上のような異性体が存在することから，官能基を明確に示した示性式で有機化合物の構造を示す必要がある.

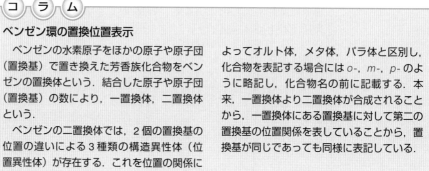

コ　ラ　ム

ベンゼン環の置換位置表示

　ベンゼンの水素原子をほかの原子や原子団（置換基）で置き換えた芳香族化合物をベンゼンの置換体という．結合した原子や原子団（置換基）の数により，一置換体，二置換体という.

　ベンゼンの二置換体では，2個の置換基の位置の違いによる3種類の構造異性体（位置異性体）が存在する．これを位置の関係に

よってオルト体，メタ体，パラ体と区別し，化合物を表記する場合には $o\text{-}$, $m\text{-}$, $p\text{-}$ のように略記し，化合物名の前に記載する．本来，一置換体より二置換体が合成されることから，一置換体にある置換基に対して第二の置換基の位置関係を表していることから，置換基が同じであっても同様に表記している.

o-クレゾール　　m-クレゾール　　p-クレゾール

ベンゼン二置換体の位置異性体

2. 立体異性体

分子を構成する原子とその結合が同じで，空間的な原子または原子団の配列が異なる化合物は，互いに立体異性体（stereo isomer）の関係という.

1）配座異性体

シクロヘキサンにみられる，空間的な立体配座の違いによる立体異性体を配座異性体という（**図6-8**）.

舟形　　　　　　　　いす型　　　**図6-8　シクロヘキサンの配座異性体**

これらは，速い速度でお互いに転換し，実際には立体障害の少ないいす型が安定であり，常温で平衡混合物の99%はいす型として存在している.

2）幾何異性体（シス–トランス異性体）

炭素—炭素間の二重結合の場合には平面構造をとり二重結合は固定され自由回転することができない．それぞれの炭素原子に2種の原子や原子団が結合しているとき相対的な位置関係により2種の異性体が存在する．これを，同種の原子団が同じ側にあるものをシス形，逆の場合をトランス型と区別してよび，これらの関係を幾何異性体という（図6-9）．HOOC-CH＝CH-COOH を示性式にもつ化合物は，性質の違いから結合がシス型のマレイン酸，とトランス形のフマール酸という別の名称でよばれる．

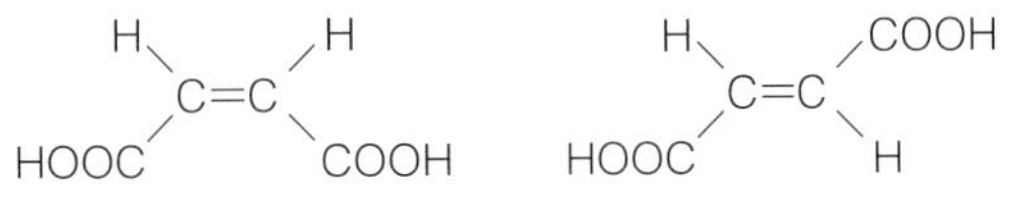

H、   ，H   H、   ，COOH
 ＼C＝C／   ＼C＝C／
HOOC／   ＼COOH   HOOC／   ＼H

マレイン酸（シス型）　　フマール酸（トランス型）

図6-9　幾何異性体（マレイン酸とフマール酸）

3）光学異性体

飽和炭素原子は**図6-10**のように原子を正四面体中心に置いたとき，正四面体の頂点の方向に結合をつくる．すべて異なる四つの置換基をもつ炭素原子を不斉炭素とよび，炭素上の四つの異なる置換基の空間的な配置の違いによって，二つの異性体が生まれ，図のような実像と鏡に映る鏡像の関係にある一対を鏡像体といい，この関係にある立体異性体を特に光学異性体という．左右の手の関係と同じように，お互いは対掌関係にあるともいい，重ね合わせることのできない性質をキラリティー（掌性）という．

鏡像体は沸点，融点，屈折率などの物理化学的性質は全く同じ値を示すが，旋光性のみが異なる．旋光性とは，偏光面を回転させる性質であり，回転方向が時計回りであれば右旋性，反時計回りなら左旋性であるという．一般に右旋性は（＋），左旋性は（－）で表し鏡像体を区別している．このように偏光面を回転させる性質を光学活性という．

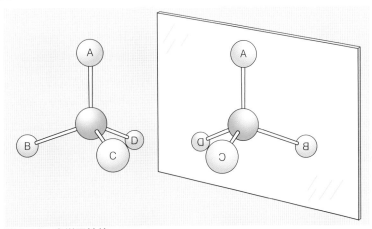

図6-10　光学異性体
実像と鏡に映る鏡像の関係にある

光学異性体と生理作用

　光学異性体は，沸点，融点などの物理的な性質がほとんど同じであるにも関わらず，生物に対する相互作用の仕方が大きく異なる．これはキラリティー（掌性）に関係し光学的に純粋な分子によって生体は構成されているからである．したがって，生命・生理現象に関わる有機物の，光学異性体は生体に対して，互いに異なった活性を示す．このような光学異性体が生体に対しての相互作用の仕方が大きく異なる例としては，サリドマイド（サリドマイドを妊婦が服用することにより，多数

の新生児に重大な障害をもたらした事件）がよく知られている．サリドマイドは，光学異性体の一方は催眠作用，鎮静作用があるために，睡眠薬などに広く用いられたが，他方には催奇作用（奇形誘発作用）があるのにも関わらず，医薬品は混合物として供給されたため，悲劇を引き起こした．生体での光学異性体の生理作用の違いや，光学異性体の扱いに対する出発点となったばかりでなく，妊婦に対する投薬を慎重に行わなければならない教訓ともなっている．

有機化合物の反応

到達目標

1 イオン反応とラジカル反応の反応機構の違いを説明する．

2 -❶ 置換反応，付加反応，脱離反応，転移反応を説明する．

　-❷ 反応を化学式で表す．

1. 反応機構の違い（イオン反応とラジカル反応）

　反応機構とは，ある物質が反応試薬によって生成物に変化するまでの反応の進行状態のことである．物質は試薬と反応して反応中間体，または遷移状態を経て生成物になるが，反応の過程で生じる反応中間体は出発物質の共有結合の開裂により生成する．共有結合の開裂様式は2種類あり，この共有結合の開裂様式の違いにより，反応機構も異なってくる．ラジカル中間体を生じる均等開裂（ホモリティック開裂）と，陽イオンや陰イオンの中間体を生じる不均等開裂（ヘテロリティック開裂）とに分けられる（**図6-11**）．

　ラジカル中間体を経て進む反応をラジカル反応といい，イオン中間体を経て進む反応をイオン反応という．どちらの反応機構で進行するかは，物質の構造，反応試薬の種類，反応条件に依存する．

均等開裂
（ラジカル反応）　　X **:** Y ⟶ X• ＋ •Y

不均等開裂
（イオン反応）　　　X **:** Y ⟶ X$^{\oplus}$ ＋ **:**Y$^{\ominus}$

X **:** Y ⟶ X**:**$^{\ominus}$ ＋ Y$^{\oplus}$

図 6-11　ラジカル反応とイオン反応の反応機構

1）イオン反応

イオン反応は共有結合が開裂する際に一方にのみ結合電子が属するように開裂する．電気陰性度の大きいほうが結合電子をもつように開裂しアニオン（陰イオン）になり，他方はカチオン（陽イオン）となる．分子を構成する原子間の電気陰性度の差が大きいほど結合電子に大きな偏りができ，開裂してイオン反応を起こしやすくなる．

イオン反応（求核置換反応）

A － B ⟶ A$^{\oplus}$ ＋ B$^{\ominus}$ ＋ Nu$^{\ominus}$ ⟶ A － Nu ＋ B$^{\ominus}$

2）ラジカル反応

ラジカル反応は，AとBの間の共有結合が開裂する際に，それぞれに1個の電子が残るように開裂する様式で，生成した中間体はラジカルまたはフリーラジカルとよばれる．このラジカルがもつ1個だけの電子を不対電子とよぶ．一般に，ラジカル反応はラジカルが生成する過程，ラジカルが新しいラジカルを生成する反応を繰り返す過程，そしてラジカルどうしが反応して，ラジカルがなくなり全体の反応が完結する過程に分けることができる（**図6-12**）．

ラジカルの生成
Cl － Cl ⟶ Cl• ＋ •Cl　　光（紫外線）の照射

ラジカルの成長（連鎖成長反応）
CH_3 － H ＋ •Cl ⟶ H_3C• ＋ HCl
H_3C• ＋ Cl_2 ⟶ H_3CCl ＋ •Cl
塩化メチル

連鎖の停止
Cl• ＋ •Cl ⟶ Cl_2
H_3C• ＋ •Cl ⟶ H_3CCl
H_3C• ＋ •H_3C ⟶ CH_3 － CH_3

図 6-12　メタンの光による塩素化反応

コ ラ ム

オゾン層の破壊とラジカル反応

　成層圏にあるオゾン層は，宇宙からの紫外線を吸収して熱エネルギーに変換することにより，生物に有害な紫外線が地表まで透過するのを防いでいる.

　フロン（クロロフルオロカーボン）とよばれる一群の化合物が安定性，溶解性など優れた特性のために，冷媒，洗浄剤，発泡剤，噴霧剤などに多用され，大気中に放出されてきた. フロンは空気より重いが，地上で放出されて1年ほどで対流圏の中に広がる. 化学的に安定なため，対流圏ではほとんど分解されず，数年たつと成層圏まで上がってくる. 成層圏には対流圏には届かない強い紫外線があるので, フロンは紫外線を吸収して分解し，オゾン層を形成するオゾンを大量に壊す塩素ラジカルを生成する.

　生成した塩素ラジカルはオゾンと反応して一酸化塩素になり，さらに一酸化塩素はオゾンと反応して塩素ラジカルに戻る. また，オゾンと反応するというサイクルにより1個の塩素ラジカルが数万個のオゾン分子を破壊することになるといわれている. 一方, フッ素はフッ化水素という安定な化合物になり，オゾンを壊す反応サイクルには入らない.

　オゾン層が破壊された結果，地表に降り注ぐ紫外線の害は，農作物の収量低下や皮膚癌の増加などにつながる重大な環境問題である. 原因となる塩素ラジカルなど少量の引き金となる物質によって, 全体の反応が爆発的に進行するラジカル反応の特性が, このように大規模な環境破壊につながっている.

$$CF_2Cl_2 \ + \ hv \ \longrightarrow \ CF_2Cl\bullet \ + \ Cl\bullet$$
$$Cl\bullet \ + \ O_3 \ \longrightarrow \ ClO\bullet \ + \ O_2$$
$$ClO\bullet \ + \ O_3 \ \longrightarrow \ 2O_2 \ + \ Cl\bullet$$

フロンより発生する塩素ラジカルによるオゾンの破壊

2. 反応タイプによる分類

　有機化反応は，化合物に試薬を作用させたときに，化合物が受ける変化の様式の違いにより4種類に大別される.

1）置換反応（substitution reaction）

化合物中の原子または原子団が試薬の原子や原子団と交換された生成物を与える反応.

$$-\overset{|}{\underset{X}{C}}-\overset{|}{\underset{Y}{C}}- \ + \ Z \ \longrightarrow \ -\overset{|}{\underset{X}{C}}-\overset{|}{\underset{Z}{C}}- \ + \ Y$$

2）付加反応（addition reaction）

化合物中の不飽和結合に試薬の原子や原子団が結合した生成物を与える反応.

$$\overset{\diagdown}{\diagup}C=C\overset{\diagup}{\diagdown} \ + \ X-Y \ \longrightarrow \ -\overset{|}{\underset{X}{C}}-\overset{|}{\underset{Y}{C}}-$$

3）脱離反応（elimination reaction）

化合物から原子または原子団が脱離して不飽和結合をもった生成物を与える反応.

$$-\overset{|}{\underset{X}{C}}-\overset{|}{\underset{Y}{C}}- \ \longrightarrow \ \overset{\diagdown}{\diagup}C=C\overset{\diagup}{\diagdown} \ + \ X-Y$$

263-00521

4）転位反応（rearrangement reaction）

化合物中の原子または原子団が，分子内のほかの位置へ移動した生成物を与える反応.

5 代表的な化合物と性質

到達目標

1 - **①** 炭化水素化合物の物理化学的性質を説明する.

- **②** 炭化水素化合物の構造を書く.

2 不飽和炭化水素の名称をあげる.

3 ハロゲン化アルキルに含まれる化合物を列挙し，用途を説明する.

4 アルコール・フェノール類に含まれる化合物を列挙し，用途を述べる.

5 - **①** アルデヒド基を含む化合物やカルボン酸の代表的な化合物を列挙する.

- **②** エーテル化合物の特徴を説明する.

- **③** カルボン酸の酸性を説明する.

6 アミンの性質を述べる.

7 硫黄原子を含む化合物の特徴を述べる.

1. 飽和炭化水素化合物

炭素と水素の元素だけの組み合わせで構成されている化合物を炭化水素（hydrocarbon）という（**図6-13**）. 飽和炭化水素の中で，鎖状の炭化水素はアルカン（alkane）また，パラフィン系炭化水素ともよばれ C_nH_{2n+2} の一般式で表される. 一方，環状の炭化水素はシクロアルカン（cycloalkane）とよばれ C_nH_{2n} の一般式で表される.

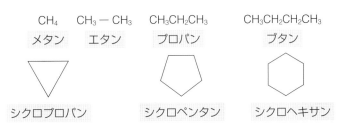

図6-13　アルカンに属する主な化合物

最も炭素数の少ない鎖状アルカンはメタン（CH_4）で，湖沼の汚泥中の有機物質が細菌により分解され生成する．メタンは天然ガス，石油ガスの主成分で，水素ガスやメタノールの製造などの合成原料として利用されている．また，プロパン（C_3H_8），ブタン（C_4H_{10}）は家庭用燃料としてよく用いられている．また，シクロアルカンとしては，シクロプロパン，シクロヘキサンなどがあり，シクロプロパンは平面構造であるが，それ以外は各炭素原子が同一の平面にないことから配座異性体をもつ．

メタン, プロパン

メタンやプロパンは，家庭用の燃料として用いられている．しかし，これらの物質はいずれも無味無臭であるため，ガス漏れがわかるように特徴のある臭いをもつメルカプタンなどを加えて使用している．「ガス臭」は添加してある物質の臭いである．

表6-7　主な直鎖状アルカンの名称とその性質

名　称		分子量	分子式	融点（℃）	沸点（℃）
メタン	methane	16	CH_4	−182.8	−161.5
エタン	ethane	30	C_2H_6	−172.0	−88.5
プロパン	propane	44	C_3H_8	−187.7	−42.2
ブタン	butane	58	C_4H_{10}	−138.3	−0.5
ペンタン	pentane	72	C_5H_{12}	−129.7	36.1
ヘキサン	hexane	86	C_6H_{14}	−95.3	68.8
ヘプタン	heptane	100	C_7H_{16}	−90.5	98.4
オクタン	octane	114	C_8H_{18}	−58.8	125.6
ノナン	nonane	128	C_9H_{20}	−53.7	150.8
デカン	decane	142	$C_{10}H_{22}$	−29.7	174.1

（日本化学会編：化学便覧―基礎編―，改訂5版，2004[9]）

アルカンの炭素数と状態

室温では，一般式C_nH_{2n+2}の n が1〜4の物質は気体として，5〜16の物質は液体として，17以上の物質は固体として存在する．またnが大きくなると，不完全燃焼しやすく一酸化炭素やススを出し燃焼する．

炭素数の少ない鎖状アルカンの融点，沸点は低く，常温では気体として存在するが，炭素数が増加するにつれて，融点，沸点が上昇し液体，固体となる．

鎖状アルカンに分類される化合物は，炭素の数により，**表6-7**に示す個々の名称がある．

2. 不飽和結合を含む炭化水素化合物

二重結合あるいは三重結合を1カ所以上含む炭化水素を不飽和炭化水素といい，二重結合をもつものをアルケン（C_nH_{2n}），三重結合をもつものをアルキン（C_nH_{2n-2}）とよぶ．

アルケンはオレフィン系炭化水素ともよばれ，さらに二重結合を2個含む化合物は数詞と組み合わせてジエン（di + ene）という（**図6-14**）．

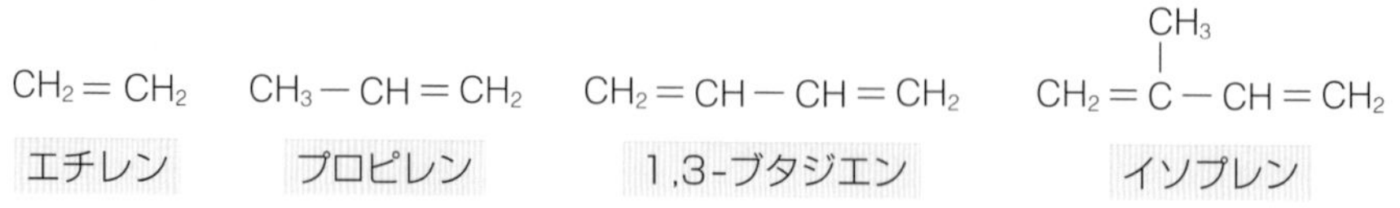

$$CH_2 = CH_2 \qquad CH_3 - CH = CH_2 \qquad CH_2 = CH - CH = CH_2 \qquad \overset{\overset{\textstyle CH_3}{|}}{CH_2 = C} - CH = CH_2$$

エチレン　　　　プロピレン　　　　1,3-ブタジエン　　　　　イソプレン

図6-14　主なアルケンの構造

アルケンは分子中に二重結合が存在することにより，種々の付加反応を行うことが特徴であり，ハロゲンや水素などを付加しハロゲン化アルカンやアルカンを生成する．

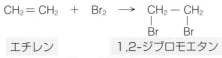

$$CH_2 = CH_2 \quad + \quad Br_2 \quad \longrightarrow \quad \underset{\displaystyle Br}{\overset{\displaystyle |}{CH_2}} - \underset{\displaystyle Br}{\overset{\displaystyle |}{CH_2}}$$

エチレン　　　　　　　　　1,2-ジブロモエタン

図 6-15　エチレンの臭素化反応

> **エチレン**
>
> エチレンは，化学工業原料として重要な物質であるばかりでなく，植物の葉，茎などから微量発生し，さまざまなホルモン作用を示す．特に，果樹の成熟を促進する作用が知られている．

　さらに，重要な性質として二重結合どうしが付加重合を行うことがあげられ，種々の有用な高分子化合物を生成する．

　エチレンは合成高分子ポリエチレンの原料やさまざまな有機化合物の合成原料として広く使用されている（**図 6-15**）．また，植物体において果実などの成熟を促進するホルモンの一種と考えられる．その他，ブタジエン，イソプレンなどはいずれも合成ゴムの原料として用いられる重要な物質であり，歯科で根管充塡材として用いられるガッタパーチャはイソプレンの付加重合による高分子化合物を主成分としている．

　アルキンは分子内に三重結合をもち，アセチレン系炭化水素ともよばれ，一般式は C_nH_{2n-2} で示される．代表的化合物であるアセチレン（C_2H_2）は反応性に富み，合成樹脂，合成繊維の重要な原料になっている．また，燃焼熱が大きいため，酸素アセチレン炎を用いたバーナーとして金属溶接に使用されている．

$$H—C \equiv C—H$$
アセチレン

3. ハロゲン元素を含む炭化水素化合物

　炭化水素などの水素を塩素，臭素，ヨウ素，フッ素などのハロゲンで置換した化合物をハロゲン化物という（**図 6-16**）．

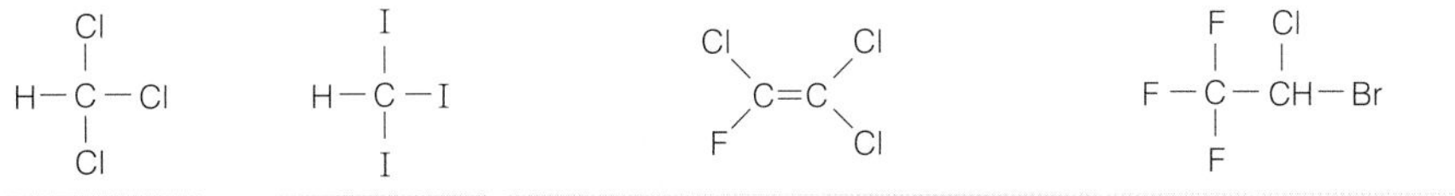

$$\underset{\displaystyle Cl}{\overset{\displaystyle Cl}{H—C—Cl}} \qquad \underset{\displaystyle I}{\overset{\displaystyle I}{H—C—I}} \qquad \underset{\displaystyle F \quad Cl}{\overset{\displaystyle Cl \quad Cl}{C=C}} \qquad \underset{\displaystyle F}{\overset{\displaystyle F \quad Cl}{F—C—CH—Br}}$$

クロロホルム　　　ヨードホルム　　1,1,2-トリクロロ-2-フルオロエチレン　フローセン（ハロタン）

図 6-16　主なハロゲン化アルキルの構造

1）クロロホルムとヨードホルム

　クロロホルムは，工業的には有機化合物を溶解，軟化する溶剤として用いられ，また吸入すると麻酔性を示すことが知られている．これまで，歯科領域ではガッタパーチャの溶解にクロロホルムが用いられクロロパーチャとよんでいたが，発癌性の点からクロロホルムが日本薬局方より除外されたため現在は使用していない．また，毒性が強いため麻酔薬としても用いられない．

　ヨードホルムはヨウ素を遊離して強い殺菌作用を示す．皮膚表面の殺菌や歯科領域では根管充塡材に水酸化カルシウムに加えて配合され，ヨードホルム系糊材として根管の防腐，創傷，潰瘍の殺菌・消毒に用いられている．

2）吸入麻酔薬として

フローセン（ハロタン）に代表されるハロゲン化物は，吸入することで強い麻酔性を示す．笑気を代表とするガス麻酔薬に対して，イソフルラン（フォーレン），セボフルラン，ハロタン，エンフルランなどは揮発性麻酔薬とよばれる（**図6-17**）．比較的作用の弱い笑気と酸素の混合気体をベースとして，より効果のあるほかの揮発性麻酔薬や静脈麻酔薬との併用により，全身麻酔を行っている．

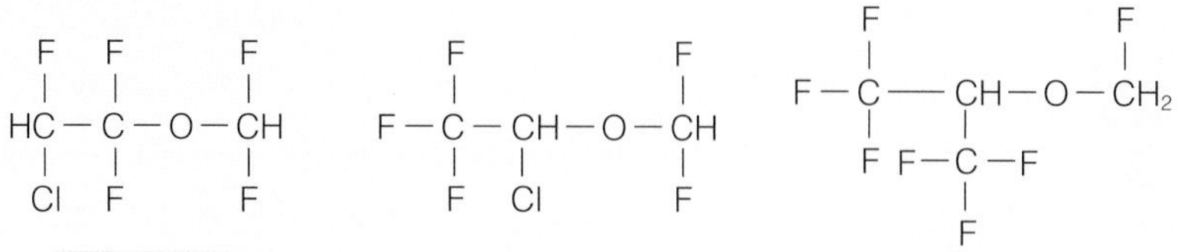

図6-17　ハロゲン原子を含む吸入麻酔薬

ハロゲン化吸入麻酔薬の構造は非常に安定しており，安定剤が不用である．また，生体内代謝率が低く肝障害，腎障害を引き起こす危険性も低いことが知られている．

覚醒は比較的早く，効果はセボフルラン＞イソフルラン＞エンフルラン＞ハロタンの順である．

4. ヒドロキシ基（水酸基）を含む化合物

アルコールとフェノールは分子内にヒドロキシ基（水酸基，−OH）をもつ化合物であり，アルキル基にヒドロキシ基が結合した化合物をアルコール類，芳香族などのベンゼン環にヒドロキシ基が直接結合した化合物を総称してフェノール類とよんでいる．アルコール類とフェノール類は性質上の類似点があるものの，アルコールは中性物質であるのに対してフェノール類は弱い酸性を示す．

1）アルコール（図6-18）

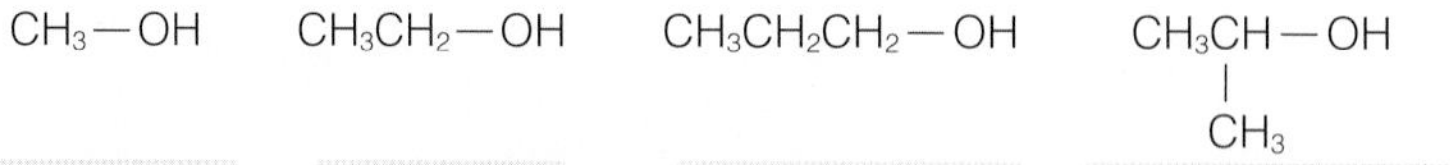

図6-18　主なアルコールの構造

⑴アルコール類の分類と反応（図6-19）

アルコール類はヒドロキシ基の数により一価，二価，三価のアルコールと分類するが，2個以上ヒドロキシ基が存在するものを多価アルコールとまとめて表現する．また，ヒドロキシ基が結合しているアルキル基の置換度に応じて第一級アルコール，第二級アルコール，第三級アルコールと分類することもある．さらに，酸化反応を行うと，第一級アルコールはアルデヒドを経てカルボン酸となるが，第二級アルコールはケトンとなる．しかし，第三級アルコールは変化を示さない．この違いにより，それぞれを区別することができる．

263-00521

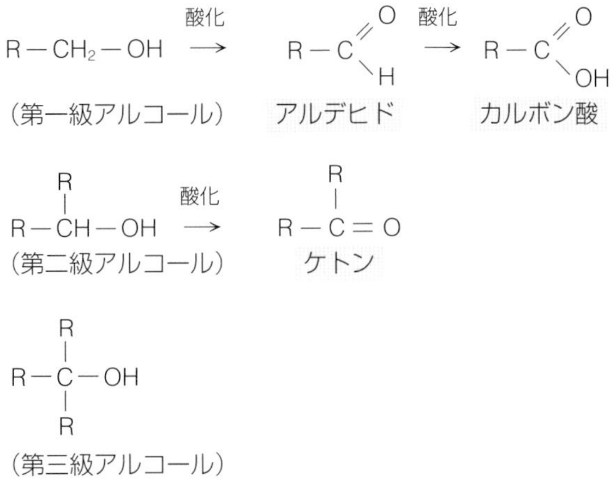
R－CH₂－OH
酸化
R－C=O, H
酸化
R－C=O, OH
（第一級アルコール）
アルデヒド
カルボン酸
R－CH(R)－OH
酸化
R－C(R)＝O
（第二級アルコール）
ケトン
R－C(R)(R)－OH
（第三級アルコール）

図 6-19　アルコールの酸化反応

> **高級アルコール**
> 分子の炭素鎖部分の長いアルコールを高級アルコールとよぶ．現在，合成洗剤はベンゼン構造をもつものから，環境への残留性を考慮した高級アルコールを主構造とするものに変化している．

アルコール類の名称は，ここで用いているように IUPAC では，炭化水素の語尾 ane に ol を加えることにより表現することができる．たとえば，炭素２個のアルコールは，ethane + ol によってエタノール（ethanol）となる．一方，旧来からのよび名も存在し炭素鎖を置換基ととらえエチル基とし，アルコールを官能基として合わせエチルアルコールといった名称でもよばれることがある．

⑵**エタノール，イソプロパノール（2-プロパノール）**の殺菌作用

エタノール，イソプロパノールは，生体および器具のいずれにも繁用される消毒薬である．抗微生物スペクトルが広く，芽胞を除くほとんどすべての微生物に有効で，作用は速効的である．エタノールは 70vol%，イソプロパノールは 50 ～ 70vol%水溶液としたものが一般的に用いられる．いずれも，揮発性が高いため，乾きが早く使用しやすい．なお，手術部位の皮膚は適用範囲に含まれない．イソプロパノールは，エタノールよりも脱脂作用が強く，また特異な臭気があるが，酒税相当額が課された消毒用エタノールより経済的である．

生体の消毒用としては，ガーゼや脱脂綿に含ませ，注射部位の皮膚，手指などに塗布して用いる．また，注射剤のアンプルバイアルや輸液ルートの接合部等や，体温計（口腔用，直腸用），聴診器など滑らかで固い表面の器具に清拭法で使用される．

70vol%イソプロパノールでは，グラム陽性菌，グラム陰性菌，結核菌，真菌および HIV を含むウイルスの不活性化に有効性を示すことが確認されている．

⑶**グリセロール（グリセリン）**

グリセロールは分子内にヒドロキシ基を３個有することから，三価アルコールに分類される．自然界では，高級脂肪酸とエステル結合を形成し油脂として広く存在している．粘性のある無色の液体で，甘みがあり毒性がないことから，ヨウ化カリウムやヨウ素を含む水溶液（歯科用ヨードグリセリン）として，歯肉，口腔粘膜の消毒および消炎の目的で用いられている．

$$\begin{array}{c} CH_2 - OH \\ | \\ CH - OH \\ | \\ CH_2 - OH \end{array}$$
グリセロール

2）フェノール（図6-20）

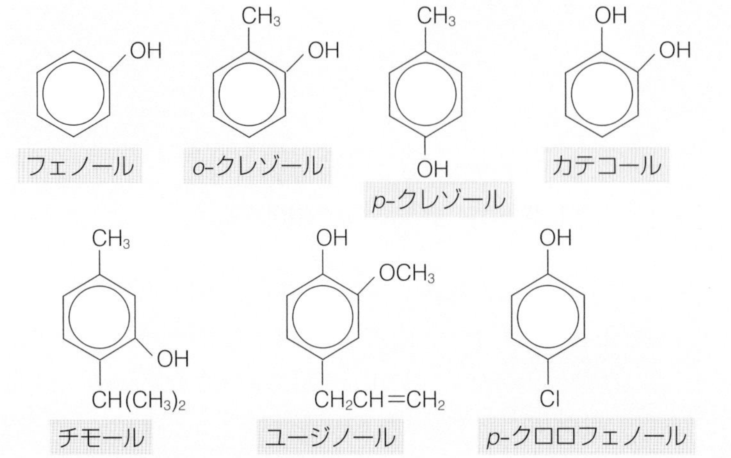

フェノール　　o-クレゾール　　p-クレゾール　　カテコール

チモール　　ユージノール　　p-クロロフェノール

図6-20　主なフェノール類の構造

⑴フェノール

　フェノールは，石炭酸ともよばれ，独特のにおいを有する結晶で染料や医薬品，合成樹脂の製造原料として用いられている．

　殺菌作用を有することから，薄い溶液を消毒薬として用いるが，高濃度の水溶液では，皮膚に対しての腐食性を示す．また，消炎鎮痛作用もみられ，この作用は強力な腐食性により神経線維の興奮伝導が遮断され，疼痛性麻痺が起こり，これにより痛みの感覚が鈍くなる（痛覚鈍麻）ためと考えられている．

　歯科領域では上記作用のほかに，象牙質への浸透性がよいことから，腐食性を和らげるためカンフルと配合したフェノール・カンフルがう窩および根管の消毒，歯髄の鎮痛鎮静の目的で使用されている．

⑵クレゾール

　クレゾールもフェノールに類似した性質をもち，強い殺菌力を示す特有の刺激臭がある茶褐色の液体である．水に溶けにくいためセッケン液に溶かし，市販品は50％溶液であるが，手指消毒などに使用するときは1～2％に希釈して用いる．特有のにおいのため，最近ではほかの殺菌剤が使用されることが多い．

⑶チモール

　チモールは，フェノール類に属するほかの薬物に比べて毒性が低く，強い殺菌作用を示す．また，フェノールと同じように消炎鎮痛作用をもつことから，歯科領域では歯髄炎鎮静，う窩根管消毒，根管充塡，覆髄などのさまざまな用途に対応し，殺菌消毒薬としてチモールを配合した薬剤が多い．

(4)ユージノール

ユージノールは黄色の粘り気のある特異なにおいの液体で，フェノール類にみられる消炎鎮痛作用や殺菌作用を示すが，その作用は比較的弱い．酸化亜鉛と混ぜることで固まるため，酸化亜鉛ユージノールセメントとして，仮封，歯髄の保護，根管充填に使われる．また，歯髄の鎮静や，う窩の消毒にも使用される．歯髄刺激がないことから歯科領域では多用される薬剤である．

(5)パラクロロフェノール

パラクロロフェノールは，消炎鎮痛作用や強い殺菌作用を示すが，軟組織等に対する腐食力が高いため，これを配合した薬剤は歯科用にのみ使用することになっている．主に，う窩および根管の消毒，歯髄炎の鎮痛鎮静などの目的で用いる．

コ ラ ム

メタノールとエタノール

$$CH_3 - OH \qquad CH_3CH_2 - OH$$
メタノール　　　エタノール

　一般的にはアルコールといえばエチルアルコールをさす．化学的には，エタノール，メタノール，イソプロパノールなどをさす総称である．エタノール（エチルアルコール）は酒精とよばれ，無色透明，可燃性，揮発性の液体で，酒の主成分である．人体に入っても大量摂取による急性中毒や，習慣性の長期摂取による肝臓の慢性症状で死に至る場合はあるが，適量であれば安全であると考えられている．また，水溶液が殺菌性をもつため医療や家庭で消毒用に用いられる．

　一方，メタノール（メチルアルコール）は

木精とよばれ，同様に無色透明，可燃性，揮発性の液体で燃料や工業製品の洗浄に使用されており飲料用ではない．メタノールは劇物で，毒性が強く誤飲した場合，視神経・中枢神経を冒し失明することがある．これは，生体内の脱水素酵素により，エタノールはアセトアルデヒド，さらに酢酸へと代謝分解され無害であるのに対して，メタノールはホルムアルデヒド，さらにギ酸へと，より毒性の高い物質に分解され，水分含量の多い眼ガラス体，視神経に集まり，損傷を与え視覚障害を生じるからである．また，アシドーシス（血液の酸性化）なども引き起こすため，失明のみならず，場合によっては死に至ることもある．

---

5. 酸素原子を含む化合物

1）エーテル（図6-21）

エーテルはアルキル基が2個，酸素原子を介して結合した構造をもち，アルキル基をRとするとR-O-R，R-O-R'などの一般式で示される．置換基の等しいR-O-Rは単エーテル，異なるR-O-R'は混合エーテルとよばれ，一般に，ジエチルエーテルをエーテルとよぶことが多い．

$$CH_3 - O - CH_3 \qquad CH_3CH_2 - O - CH_2CH_3$$
ジメチルエーテル　　　　ジエチルエーテル

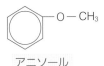
アニソール

図6-21　主なエーテル類の構造

　ジエチルエーテルは，さまざまな有機化合物を溶解するため溶剤として工業的用途は広いものの，揮発性が高く，きわめて引火性が強いので取り扱いに注意しなくてはならない．

　また，気化後吸入させることにより麻酔作用を示す安全な吸入麻酔薬として使用されていたが，引火性があるため現在ではほかの吸入麻酔薬に代わっている．

2）カルボニル化合物

　アルデヒド類（図6-22）とケトン類（図6-23）はカルボニル基（＝CO）をもちカルボニル化合物とよばれる．アルデヒドは第一級アルコール，ケトンは第二級アルコールの酸化生成物である（図6-19）．アルデヒド類は刺激臭があり，ほかの物質を還元する性質をもち，比較的反応性に富んだ一群である．一方，ケトン類は，酸化されにくく，還元する性質をもたない．

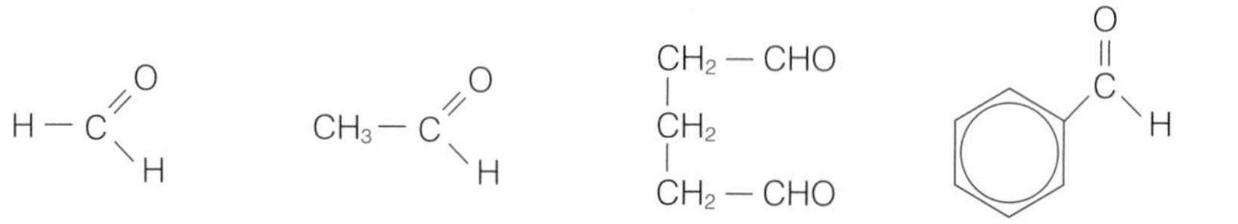

| ホルムアルデヒド | アセトアルデヒド | グルタルアルデヒド | ベンズアルデヒド |

図6-22　主なアルデヒド類の構造

⑴ホルムアルデヒド

　ホルムアルデヒドは刺激臭のある気体で，ホルマリンはこの37%水溶液である．強力な殺菌作用があり，主として器具・室内の殺菌に用いられる．化学や繊維，薬品，合成樹脂など，工業医薬分野でも広く使用されている．ホルムアルデヒドを重合すると固体のパラホルムアルデヒド（$CH_2O)_n$を生成し，徐々に分解されてホルムアルデヒドになり殺菌効果を示すことから，歯科領域では，セメントや糊材，根管充塡材に加え使用している．また，クレゾールと配合し根管消毒剤としても用いられている．

　近年，器具やタービン類の滅菌にホルマリンガスを利用した滅菌装置もみられるようになった．

⑵アセトアルデヒド

　アセトアルデヒドは低温では無色の液体で，引火性がきわめて強い物質である．水，アルコール，有機溶剤によく溶け酢酸エチル，無水酢酸などの化学物質をつくる原料として使われるほか，防腐剤や防かび剤，写真現像用の薬品などとしても使われている．また，果実などに含まれており，天然にも存在する物質でもあり，低濃度ではフルーツのような香りがあることから，ごく微量を香料として使用することは認められている．

　アルコールは体内で代謝されるとアセトアルデヒドを生成し，これが二日酔いの原因物質と考えられている．また，シックハウス症候群との関連性が疑われていることから，厚生労働省ではアセトアルデヒドの室内空気濃度の指針値を定めている．

263-00521

⑶グルタルアルデヒド（グルタラール）

　グルタルアルデヒドは，強力な殺菌消毒性があり，微生物に汚染された医療器具の滅菌やウイルスに汚染された器具の消毒に使用する．皮膚に付着すると発疹，発赤などの過敏症状を起こすことがある．そのため，人体には使用しないが，医療機関でこれを取り扱う従事者に皮膚炎等の健康障害が発生する事例がみられる．

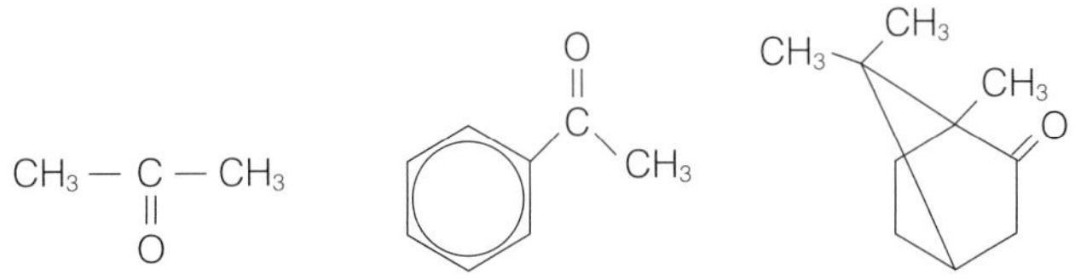

CH₃ — C — CH₃
　　　‖
　　　O
アセトン　　　　　アセトフェノン　　　　カンフル

図6-23　主なケトン類の構造

⑷アセトン

　アセトンはケトン類に属しジメチルケトンともよばれる．沸点の低い無色の可燃性液体で，揮発性が高いため引火しやすい．水やエタノール，ジエチルエーテル，クロロホルムなど多くの有機溶媒と混じりあうことから工業的用途は広く大量に用いられている．アセトンには特異臭があり，糖尿病患者では呼気中のアセトン濃度が高くなると，独特の口臭を感じることがある．

⑸カンフル

　カンフルは環状構造をとるケトン類に属する化合物で，カンファー，樟脳ともよばれ独特のにおいがある固体である．固体から気体に変化（昇華）するため防虫剤として用いられるほか，消炎，鎮痛作用があるため外用薬として筋肉痛，打撲，捻挫の患部に塗布する．歯科領域では，フェノールと配合しう窩および根管の消毒，歯髄炎の鎮痛鎮静薬として使用されている．

3）カルボン酸（図6-24）

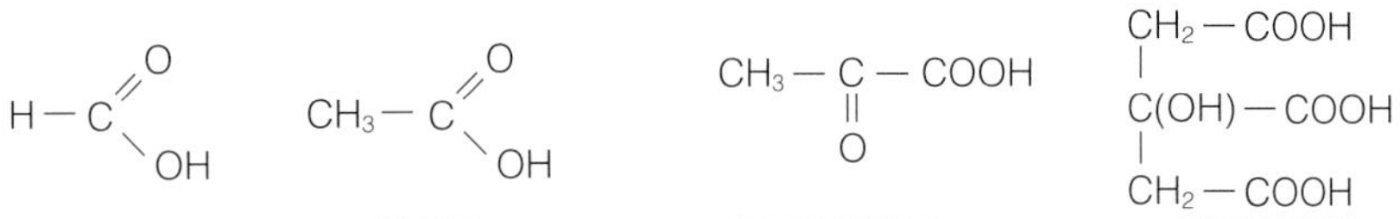

ギ酸　　　　　　酢酸　　　　　ピルビン酸　　　　クエン酸

図6-24　主なカルボン酸の構造

　カルボキシ基（− COOH）をもつ化合物を総称してカルボン酸とよぶ．カルボキシ基は，水溶液中で解離し水素（H^+）イオンを放出することから酸性を示す．

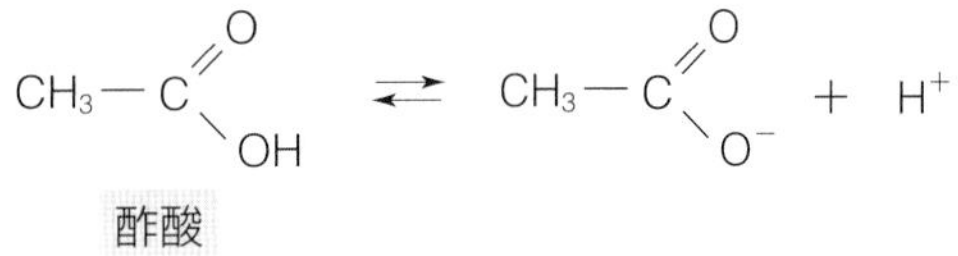

酢酸

　その中で，鎖状のカルボン酸は，脂肪酸ともいわれ天然に存在する油脂，ロウの構成成分となっている．大部分の脂肪酸では構成する炭素原子が偶数個であり，生物における脂肪酸の生合成機構と大きな関わりがある．分子中のカルボキシ基の数

によりモノカルボン酸，ジカルボン酸，トリカルボン酸のように分類を行う．また，炭素鎖に二重結合を有することにより，飽和脂肪酸と不飽和脂肪酸に分けることもある．

(1)ギ酸（蟻酸）

ギ酸（蟻酸）は最も簡単なカルボン酸の一つであり，アルデヒド の性質（還元性 ）も示す．赤アリなどに噛まれたときの刺激，炎症の一因となっている．水溶液は一価カルボン酸の中で最も強い酸性をもち，また，濃硫酸を加えて熱すると一酸化炭素を生じる．

(2)酢酸

酢酸は，酢酸臭とよばれる独特の刺激臭があり酸性を示す．純粋な酢酸の融点は16.6℃と常温よりやや低く，冬期に氷状の固体になるので，氷酢酸とよばれる．食酢は5%前後の酢酸水溶液であり，アルコールを発酵（酸化）させることにより得られる．また，生体内ではコエンザイム A と結合し，種々の代謝，生命維持に関わっている．

(3)クエン酸

クエン酸は，柑橘類に多く含まれる有機酸の一つでトリカルボン酸に分類されるが，水酸基を併せもつことからヒドロキシカルボン酸（オキシ酸）でもある．

無臭の強い酸味がある白色粉末で，水やエタノールに溶けやすい．このナトリウム塩は，酸味料として食品によく使われ，pH を適切な範囲に調整することによって変質・変色を防止する保存剤として用いられる．生体がブドウ糖（グルコース）からエネルギー（ATP: アデノシン三リン酸）を取り出す経路のなかにクエン酸を利用する重要な経路があり，これをクエン酸サイクル（TCA サイクル）とよんでいる．

(4)ピルビン酸

ピルビン酸は，分子内にケトン基を有することからケトカルボン酸（ケト酸）に分類される．クエン酸サイクルの中間物質として重要な物質である．

(5)油脂（図6-25）

油脂は，グリセロールと高級脂肪酸（分子量が大きい脂肪酸を高級脂肪酸という，**表6-8**）がエステル結合により生成する化合物である．植物性油脂にはオレイン酸，リノール酸，リノレン酸などの分子中に二重結合を有する不飽和高級脂肪酸が多く含まれ，一方，動物性油脂にはパルミチン酸やステアリン酸などの単結合よりなる飽和高級脂肪酸が多く含まれている．

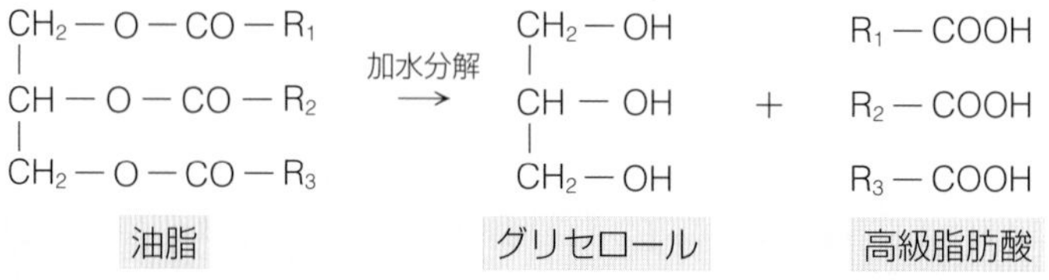

$$
\begin{array}{lll}
CH_2-O-CO-R_1 & CH_2-OH & R_1-COOH \\
CH-O-CO-R_2 \xrightarrow{\text{加水分解}} & CH-OH \quad + & R_2-COOH \\
CH_2-O-CO-R_3 & CH_2-OH & R_3-COOH \\
\qquad\quad 油脂 & \quad グリセロール & \quad 高級脂肪酸
\end{array}
$$

図6-25　油脂の構造

263-00521

表 6-8　油脂を構成する高級脂肪酸

分類	名称	分子式	構造式
飽和脂肪酸	ラウリン酸	$C_{12}H_{24}O_2$	$CH_3(CH_2)_{10}COOH$
	ミリスチン酸	$C_{14}H_{28}O_2$	$CH_3(CH_2)_{12}COOH$
	パルミチン酸	$C_{16}H_{32}O_2$	$CH_3(CH_2)_{14}COOH$
	ステアリン酸	$C_{18}H_{36}O_2$	$CH_3(CH_2)_{16}COOH$
不飽和脂肪酸	オレイン酸	$C_{18}H_{34}O_2$	$CH_3(CH_2)_7CH=CH(CH_2)_7COOH$
	リノール酸	$C_{18}H_{32}O_2$	$CH_3(CH_2)_4CH=CHCH_2CH=CH(CH_2)_7COOH$
	リノレン酸	$C_{18}H_{30}O_2$	$CH_3CH_2CH=CHCH_2CH$ $=CHCH_2CH=CH(CH_2)_7COOH$

（日本化学会編：化学便覧―基礎編―改訂 5 版，2004[9]）

⑹サリチル酸

　サリチル酸は，フェノール性ヒドロキシ基とカルボキシ基をもつ芳香族化合物でヒドロキシ酸に分類される．無色の結晶で種々の植物中に含まれている．防腐剤，殺菌剤として用いられるほか，解熱，鎮痛作用，抗リウマチ作用などを示す．分子中にフェノール性ヒドロキシ基とカルボキシ基（−COOH）が存在するため，カルボン酸やアルコールとエステルを生成し，解熱鎮痛作用を示すアセチルサリチル酸（アスピリン）や消炎作用を有するサリチル酸メチル（サロメチール）などの医薬品合成原料となっている（図 6-26）.

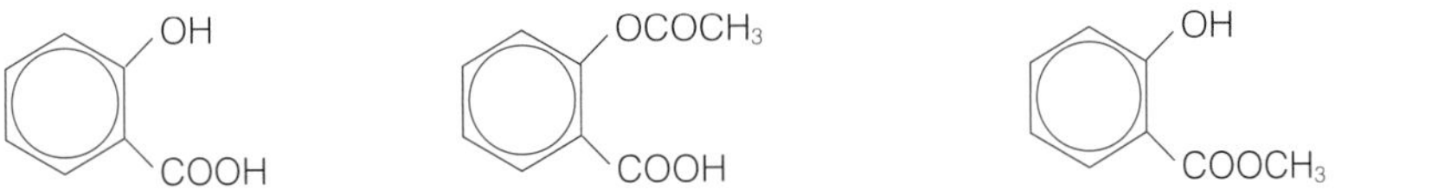

サリチル酸　　　アセチルサリチル酸（アスピリン）　　サリチル酸メチル（サロメチール）

図 6-26　サリチル酸と誘導体の構造

4）エステル

　カルボキシ基をもつカルボン酸と，ヒドロキシ基をもつアルコールまたはフェノール類から水分子が取れて縮合した構造をもつ物質をエステルといい，一般に芳香のある揮発性の液体で，水に溶けにくく，有機溶媒によく溶ける．比較的低級な脂肪酸とアルコールのエステルは，天然に植物精油中に含まれており，果実の芳香があるので人工果実エッセンスとして食品の香料に使われている．高級脂肪酸と高級アルコールのエステルはロウとして存在し，高級脂肪酸とグリセリンのエステルは油脂とよばれる.

　エステル化反応は可逆反応であり，エステルに水を加えて熱すると逆に加水分解反応が起こり，酸とアルコールとなる（図 6-27）.

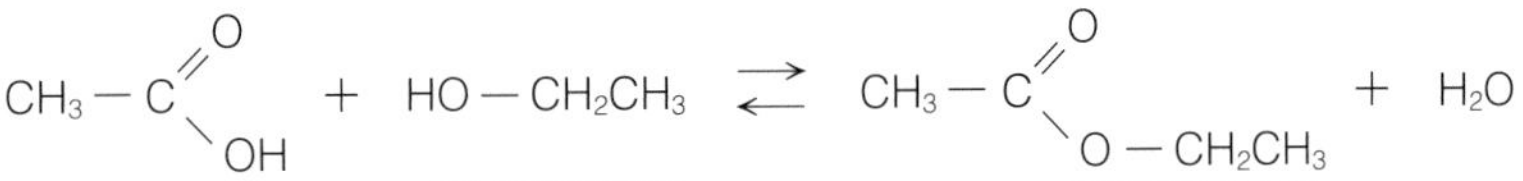

酢酸　　　　　エタノール　　　　　　　酢酸エチル

図 6-27　エステル化合物の合成

　酢酸エチルは，酢酸とエタノールから得られるエステルで強い果実様の香気をもつ無色の液体で，水にあまり溶けない．天然にパイナップルなどの果実油や，ブドウ酒，日本酒にも含まれていることから香料として飲料・菓子などに用いられている．

6. 窒素原子を含む化合物

1）アミン

　アンモニア（NH_3）の水素原子をアルキル基やアリール基などで置換した化合物をアミンという．アルキル基などを1個を含むアミンを第一級アミン，2個を第二級アミン，すべて置換したアミンを第三級アミンと区別する．アルキル基の比較的小さなものは，刺激臭や腐敗臭に近い不快なにおいをもつものが多い．アミン類は塩基性を示し，酸と塩を生成するが，脂肪族アミンの塩基性はアンモニアよりも強く，アルキル基の数や構造により強弱が変化する．

　トリエチルアミンやアニリンなどのように工業原料や試薬として重要な化合物が多くある（**図6-28**）．

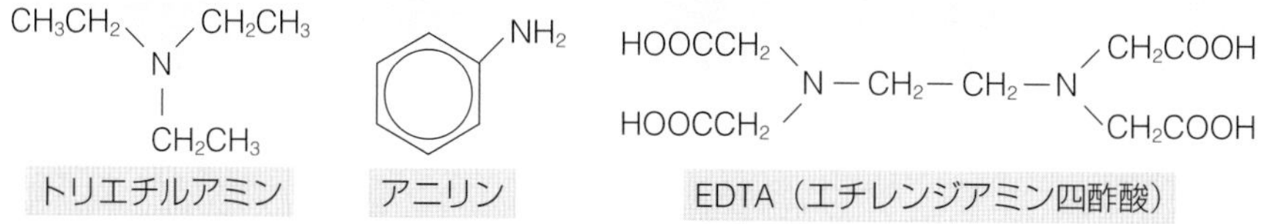

トリエチルアミン　　アニリン　　EDTA（エチレンジアミン四酢酸）

図6-28　主なアミンの構造

　エチレンジアミンは分子中に2個のアミノ基をもつ化合物であるが，この誘導体エチレンジアミン四酢酸（EDTA）は多くの金属元素とキレートを生成する．カルシウムについても同様にキレートを生成し溶解させる働きをすることから，歯科領域では根管拡大補助材として用いられる．

2）ニトロ化合物

　分子中にニトロ基（$-NO_2$）をもつ化合物をニトロ化合物という（**図6-29**）．概ね中性を示し，芳香族のニトロ化合物は爆発性をもつものが多い．

ニトロベンゼン　　　　　ベンゼンスルホン酸

図6-29　ニトロ化合物とスルホン酸

7. 硫黄原子を含む化合物

　スルホン酸はスルホ基が置換した化合物をさし，硫酸と同様に強い酸性を示す．スルホ基をもつ界面活性剤は，溶液は塩基性を示さず，硬水でもよく溶け合成洗剤

として用いられている．ベンゼンスルホン酸のナトリウム塩を水酸化ナトリウム中で溶融することでフェノールを得ることができる．

6 高分子化合物

到達目標

1 合成高分子の合成反応を説明する．
2 合成ゴムの組成を説明する．

　高分子化合物とは，一般に分子量が1万を超えるような巨大な分子で，1種類あるいは数種類のモノマー（単量体）が繰り返し結合したポリマー（重合体）をさす．また，多糖類，タンパク質，DNAなどは，天然高分子であり，ここではプラスチックに代表される合成高分子について述べる．

1. モノマーからポリマー

　モノマーが結合を繰り返しポリマーになる過程は，モノマーの分子構造の違いにより付加重合と縮合重合とに大別される．

1）付加重合

　付加重合は，分子中にビニル基（$CH_2=CH-$）などの不飽和結合を有するモノマーが，条件により不飽和結合が開裂し，連続的に分子どうしが付加することによりポリマーを生成する反応であり，この反応過程は連鎖的に進行する．

　付加重合は，反応の開始や連鎖の成長に必要な触媒により区別できる．代表的なラジカル重合は過酸化物などのラジカル開始剤から発生したラジカルによって開始する連鎖重合であり，連鎖開始（1），成長（2），停止（3）の三段階に分けて説明することができる（**図6-30**）．

　ラジカル重合の開始剤としては高温での加熱重合の場合には，過酸化ベンゾイルを用いるが，常温での重合では過酸化ベンゾイルに加えてジメチルパラトルイジンなどのアミンを加える必要がある．また，近年ではカンファーキノンを重合開始剤として用い，可視光線より励起させラジカルを発生させる方法（光重合）も行われている．

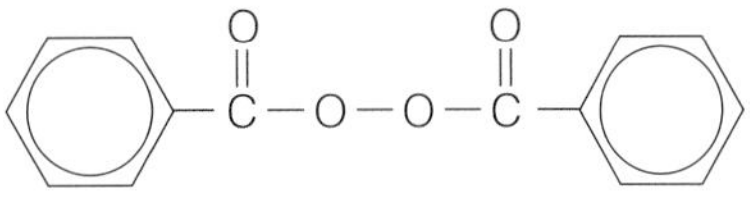

過酸化ベンゾイル

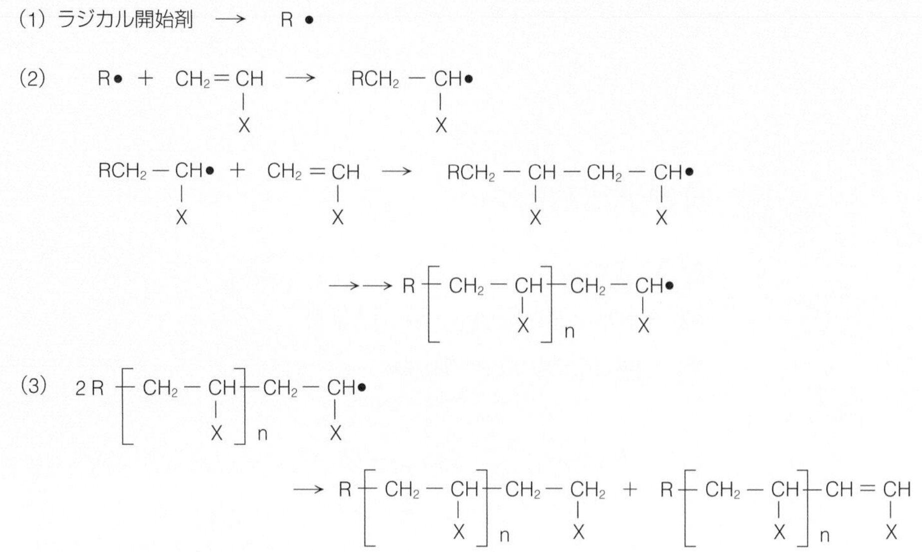

(1) ラジカル開始剤　⟶　R•

(2) 　　R• ＋ CH₂＝CH　⟶　RCH₂ − CH•
　　　　　　　　　｜　　　　　　　　　｜
　　　　　　　　　X　　　　　　　　　X

RCH₂ − CH• ＋ CH₂＝CH　⟶　RCH₂ − CH − CH₂ − CH•
　　　　　｜　　　　　　｜　　　　　　　　　｜　　　　　｜
　　　　　X　　　　　　X　　　　　　　　　X　　　　　X

⟶⟶ R⎡CH₂ − CH⎤CH₂ − CH•
　　　　⎢　　　｜　⎥　　　　｜
　　　　⎣　　　X　⎦ₙ　　　X

(3) 　2 R⎡CH₂ − CH⎤CH₂ − CH•
　　　　　⎢　　　｜　⎥　　　　｜
　　　　　⎣　　　X　⎦ₙ　　　X

⟶ R⎡CH₂ − CH⎤CH₂ − CH₂ ＋ R⎡CH₂ − CH⎤CH＝CH
　　　⎢　　　｜　⎥　　　　｜　　　　　⎢　　　｜　⎥　　　　｜
　　　⎣　　　X　⎦ₙ　　　X　　　　　⎣　　　X　⎦ₙ　　　X

図6-30　ラジカル重合の反応過程

コラム

光重合（可視光線による励起（れいき））

　特定波長域の光線を照射することによって硬化が開始される光重合のシステムは，開始剤としてカンファーキノンを用いたレジンの出現により，コンポジットレジン，レジンセメントなど多くの製品の重合硬化に使用されるようになった．また，重合時間のスピードアップは，患者および術者の負担軽減につながるものである．

　重合には，カンファーキノンを励起させる

ための450〜500nm付近の可視光線が必要である．ハロゲンランプを光源にしている照射器では，重合硬化に20〜40秒の照射を要するが，キセノン光源の照射器では，照射される高出力の光線によって，数秒あるいは10秒程度の照射時間でレジンが急速に重合硬化する．さらに青色発光ダイオード（LED）を光源に用いた照射器もあり，光源からの発熱がないことから今後の発展が期待される．

　歯科領域では，一般にはプラスチックという合成高分子化合物のことをレジンとよび，義歯床，義歯（レジン歯）や歯の修復に用いているが，付加重合によるものが多い．

　義歯床には，メタクリル酸メチル（MMA）をモノマーとして用い，これにすでに重合させたポリメタクリル酸メチルのポリマーを混和して，開始剤とともに処理することにより強度をもった義歯床が得られる．また，義歯や修復のための充塡材にも同一の組成のものが使われるが，含まれるポリマーの粒度が細かい．メタクリル酸メチルによるレジンは軟らかく耐摩耗性が悪い，また充塡時の収縮性が大きいため咬合面には充塡できない．

　コンポジットレジンはこれらの欠点を改良したものであり，モノマーとしてBis-GMA（ビスジーエムエー）を用いたレジンである．Bis-GMAはビスフェノールA ジグリシジルエーテルにメタクリル酸を作用させたものであり強度も大きい．また，さらに強度を上げるため石英粉末，ガラス繊維の微粉末などのフィラーを加

263-00521

えている.そのため,咬合面を含めた修復のための充塡材として主に用いられている.

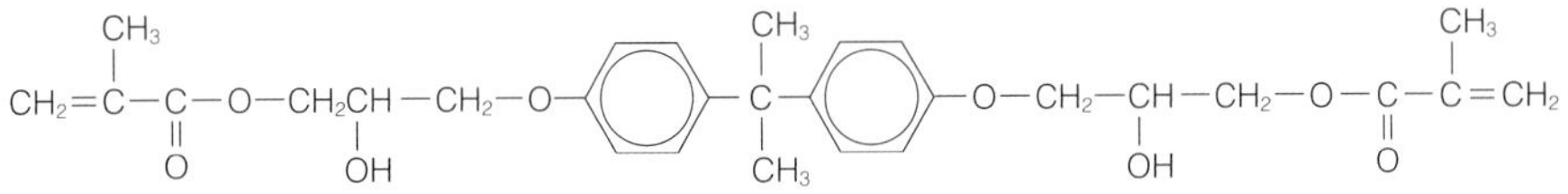

$$CH_2=C-C-O-CH_2 \cdot CH-CH_2-O \langle\bigcirc\rangle -C\langle\bigcirc\rangle -O-CH_2-CH-CH_2-O-C-C=CH_2$$

Bis-GMA

2）縮合重合

縮合重合は，カルボキシ基をもつモノマーとヒドロキシ基やアミノ基を有するモノマー間でエステル結合（−CO−O−）やアミド結合（−CO−NH−）が生成し，順次成長して高分子になるとい段階反応を経て進行する（**図6-31**）.カルボン酸の代わりに，酸塩化物,酸無水物あるいはメチルエステルなどが用いられることもある.

$$HOOC-(CH_2)_4-COOH \ + \ H_2N-(CH_2)_6-NH_2 \rightarrow \left[\begin{array}{c} C-(CH_2)_4-C-N-(CH_2)_6-N \\ \| \qquad\qquad \| \ | \qquad\qquad\ | \\ O \qquad\qquad O \ H \qquad\qquad H \end{array}\right]_n$$

アジピン酸　　　　　ヘキサメチレンジアミン　　　　　　　6,6-ナイロン

図6-31　縮合重合による6,6-ナイロンの合成過程

コ ラ ム

熱可塑性樹脂と熱硬化性樹脂

　合成樹脂は大きく熱に対する性質によって熱可塑性樹脂と熱硬化性樹脂の二つに分けることができる.熱可塑性樹脂は，熱すると軟らかくなり，冷やすと硬くなる.熱によって自由に加工ができる.それに対し，熱硬化性樹脂は，加熱しても軟らかくならず，逆に一層硬くなる性質がある.

　その原因は，ポリマーの構造の違いにある.

　熱可塑性樹脂はすべて鎖状の分子でできており，それぞれの分子は束縛されないため，加熱すると分子の運動が盛んになって軟化する.それに対し，熱硬化性樹脂は分子が三次元的な立体構造で網目状にがっちりと結合し合っている.そのため，熱を加えても全く軟化せず，むしろ架橋構造が促進されてさらに硬くなる.

$CH_2=CH_2$　　　　　　　エチレン　　→　　ポリエチレン

$CH_2=CH-CH_3$　　　　プロピレン　　→　　ポリプロピレン

$CH_2=CH$　　　　　　　塩化ビニル　　→　　ポリ塩化ビニル
　 $|$
　Cl

$CH_2=CH$

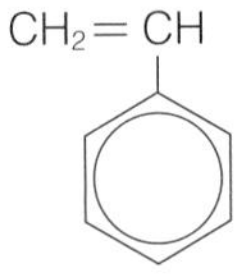

$\bigcirc$　　　　　　　　　スチレン　　→　　ポリスチレン

$CH_2=C-COOCH_3$　　メタクリル酸メチル　→　　ポリメタクリル酸メチル
　 $|$
　CH_3

主な熱可塑性ビニル系樹脂

フェノール　＋　ホルムアルデヒド　→　　フェノール樹脂

メラミン　＋　ホルムアルデヒド　→　　メラミン樹脂

主な熱硬化性樹脂

2. 合成ゴム

コロンブスが航海の途中で，天然のゴムに出会ってからおよそ350年後，加硫^{かりゅう}法が発明され硬度を調節することが可能になった．そして，車の発達とともにタイヤに利用されるようになり使用量が大幅に増加した．天然ゴムは，ゴムの木の樹液を用いるが，その化学成分はイソプレンの重合体であり，炭素と水素のみから構成されている．

1) イソプレンゴム（IR）

石油ナフサから得られるイソプレンモノマーを重合したもので，天然ゴムと同じ化学構造をもつものである．しかし，天然ゴムにはポリイソプレン以外の物質が数%含まれているが，イソプレンゴムは合成ゴムであるから純粋であり，色が透明である．ほかのゴムとブレンドしての用途が多く，弾性や耐摩耗性など物理的強度が大きいため，タイヤ，ベルト，ホースなどに使用される．重合の形態により，シス型，トランス型の構造異性体があるが，性質も異なる．合成ゴムとして使用されるものはシス型のものであるが，歯科領域で根管充填材として用いるガッタパーチャはトランス型である．

2) ブタジエンゴム（BR）

ブタジエンのみの重合体であり，重合の形態にはビニル型，シス型，トランス型の構造異性体があるが，製法によってこれら三種の構成割合が異なり，その割合により性能も異なる．シス型が，90%以上のものが合成ゴムとして使用される．代表的な汎用ゴムであり，耐摩耗性，反発弾性などに優れ，透明性も高い．

3) スチレンブタジエンゴム（SBR）

スチレンとブタジエンの共重合体である．天然ゴムの代替として開発され最も多

263-00521

量に生産されている合成ゴムである．炭素と水素から構成されているのはイソプレンゴムと同じである．天然ゴムに性質が似ているが，天然ゴムよりは反発弾性が少ない．合成ゴムのうち最も生産量が多い．

4）クロロプレン ゴム（CR）

$$CH_2 = CH - \overset{\displaystyle Cl}{\overset{\displaystyle |}{CH}} = CH_2 \qquad \left[CH_2 - \overset{\displaystyle Cl}{\overset{\displaystyle |}{CH}} = CH - CH_2 \right]_n$$

クロロプレン　　　　　　　　クロロプレンゴム

塩素原子を含むため，難燃性であり比重も大きい．汎用ゴムといえる．接着剤としても利用される．自動車用部品，一般工業用品，接着剤，建築用，電線などに使用される．

5）シリコーン ゴム（VMQ，FVMQ）

$$\left(\overset{\displaystyle CH_3}{\underset{\displaystyle CH_3}{Si - O}} \right)_m \left(\overset{\displaystyle CH=CH_2}{\underset{\displaystyle CH_3}{Si - O}} \right)_n \qquad \left(\overset{\displaystyle CH_3}{\underset{\displaystyle CH_3}{Si - O}} \right)_l \left(\overset{\displaystyle CH_2 - CH_2 - CF_3}{\underset{\displaystyle CH_3}{Si - O}} \right)_m \left(\overset{\displaystyle CH=CH_2}{\underset{\displaystyle CH_3}{Si - O}} \right)_n$$

VMQ　　　　　　　　　　　　　　　　FVMQ

シリコーンゴムにはポリシロキサンにメチル基が結合したメチルシリコーンゴム（VMQ）と，フルオロアルキル基が結合したフルオロシリコーンゴム（FVMQ）がある．メチルシリコーンゴムが多く使用されており，それが代表となっている．高度の耐熱性，耐寒性，耐オゾン性をもち，生理学的にも安全であることから医療関連機器，食品関連機器にも多く使用される．歯科領域では，その特性を生かし，印象材などに用いられている．

●章末問題　　　　　　　　　　　　　　　　　　　Exercise

(1)　有機化合物の特徴を説明しなさい.

(2)　単結合，二重結合，ベンゼン環を含む有機化合物の構造を書きなさい.

(3)　次の有機化合物の名称を書きなさい.

①

$$CH_3\ CH_2-CH-CH_2-OH$$
$$|$$
$$CH_3$$

②

$$CH_2\ CH_3$$
$$|$$
$$CH_3-CH-CH_2-CH-CH_2-CH_2-CH_2-CH_3$$
$$\qquad\qquad\qquad\qquad |$$
$$\qquad\qquad\qquad\quad CH_3$$

(4)　次の有機化合物の構造を示性式で書きなさい.

①　4-ethyl-2-methyloctane

②　2-amino-4-methylhexanol

(5)　次の有機化合物の構造を示性式で書きなさい.

①　エタノール　　②　フェノール　　③　アセトアルデヒド

④　アセトン　　⑤　ジエチルエーテル

⑥　酢酸　　⑦　ブタジエン　　⑧　メタクリル酸

(6)　組成式 $C_4H_{10}O$ を示す化合物をすべて示性式で表し，お互いがどのような構造異性体であるかを示しなさい.

(7)　クレゾールを例にとり，二置換ベンゼン誘導体の位置異性体を説明しなさい.

(8)　立体異性体を説明しなさい.

(9)　光学異性体を説明しなさい.

(10)　イオン反応とラジカル反応の反応機構の違いを説明しなさい.

(11)　塩素によるオゾン層の破壊をラジカル反応機構で説明しなさい.

(12)　置換反応，付加反応，脱離反応，転移反応の概略を説明しなさい.

(13)　飽和炭化水素の炭素数と名称をあげなさい.

(14)　不飽和炭化水素に含まれる化合物の名称をあげ，その性質を説明しなさい.

(15)　ハロゲン化アルキルに含まれる化合物を列挙し，用途を説明しなさい.

(16)　アルコールに含まれる化合物を列挙し，特徴を説明しなさい.

(17)　フェノール類に含まれる化合物を列挙し，特徴を説明しなさい.

(18)　ホルミル基（アルデヒド基）を含む化合物を列挙し，用途を説明しなさい.

(19)　エーテル化合物の特徴を説明しなさい.

(20)　カルボン酸の代表的な化合物をあげ，性質を説明しなさい.

(21)　合成高分子の合成反応を説明しなさい.

(22)　コンポジットレジンの組成をあげなさい.

(23)　合成ゴムの組成を説明しなさい.

263-00521

7章

ヒトをつくっているものは何だろう

7 ヒトをつくっているものは何だろう

1 水はいたるところに存在する

水は生物体内に占める割合が非常に高い．ヒトにおいては体重の60%から70%が水である．小児では成人よりさらに多い．ホウレンソウなどの植物にいたっては，80%になるものもある．水は私たちの周りにありふれた存在であるが，それは私たちの生命にとって欠かせないものである．水はほかの化学物質にはみられない異常ともいうべき性質をいくつかもち合わせている．

1. 水の構造と性質

1）水の密度

コップに氷水をつくると，氷はコップの中の水に浮かぶ（**図7-1**）．流氷もオホーツクの海を漂い南下してくる．これは誰でも知っているが，化学の世界では異常な現象である．物質は液体から固体へと状態変化するとき，一般には体積が減少する．つまり液体の密度（物質 $1cm^3$ あたりの質量のこと．単位は g/cm^3）は温度の低下とともに大きくなる．ところが，水の場合温度が低下し，密度は4℃までは通常通り大きくなるが，それを過ぎると0℃まで小さくなり，固体（氷）になると10%近く小さくなる（水の密度は $1.0\ g/cm^3$，氷の密度は $0.917\ g/cm^3$）．そのため氷は水に浮くのである．

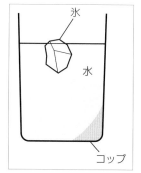

図7-1　氷はコップの中の水に浮かぶ

263-00521

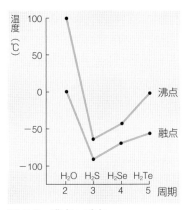

図7-2　沸点と融点
16族の元素の水素化合物の沸点と融点

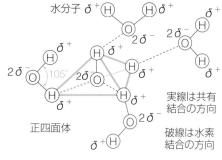

図7-3　水分子

2）水の比熱

水は温まりにくく，冷めにくい液体である．比熱（熱力学では比熱容量）は物質（1g）に1K（1℃）の温度変化を与えるのに必要な熱量とされている．水の比熱は4.2 J／g·K（＝1cal／g·K）である．水はほかの液体に比べて，常温付近での比熱が非常に大きく，エタノールの約1.8倍，ベンゼンの約2.5倍となっている．

3）水の沸点と融点

水は簡単な分子構造をとっているわりには沸点・融点が高い．沸点＝100℃，融点＝0℃という値は周期表の仲間の中で，ほかの元素の水素との化合物の沸点と比べると異常に高い（**図7-2**）．

このように水は異常な性質をもっている．これは難しい言葉でいうと「大きな双極子モーメントをもつ極性分子」という言葉で説明されるが，噛み砕いていえば，水分子どうしに水素結合といわれる分子間力の中では強いものが働いているためである．この水素結合を使うと，水の異常な性質をほとんど説明できる．

分子中の電荷の偏りを極性というが，偏りがあっても分子全体で正電荷と負電荷の中心が一致するような立体的にバランスのとれた分子は，極性をもたない．二酸化炭素や，メタンは無極性である．しかし，O-HやN-Hのように，電気陰性度の大きな原子と小さな水素原子との間にできた共有結合では，電子がOやN原子のほうに引き寄せられて，結果として電荷の偏りが生じる．このような結合をもつ分子どうしは，互いに静電的な相互作用が働く．この結合を水素結合という（**図7-3**）．

水分子自体は，極性のため，O原子とH原子の結合角は105度になっている．これは正四面体の中心にO原子を置いて，頂点に水素原子を二つ置いたときの角度109度にほぼ等しい．したがって水分子は水素結合のための結合の手を4本もっている形になる．氷になるとこの特殊な立体構造が，水分子どうしのすき間を生じさせ，氷の密度が小さくなり，氷が水に浮く現象が起こる．また，水分子どうしに，ファンデルワールスカの10倍以上といわれる水素結合が働いていることによ

り，同じ 16 族に属する元素の水素化合物と比べると融点も沸点も高いことになる．**図 7-2** から判断すると，もしも水に水素結合が存在しなかったら，融点も，沸点も大きなマイナスの値になるはずなので，地球上で生命の誕生はありえなかったであろう．さらに，比熱もほかの物質のように小さな値であったなら，私たちの体温の変化が非常に大きくなり生命の維持も困難であったであろう．

2. 水の溶媒特性

　日常生活で接する液体の大部分は水を溶媒としている（水に溶けている）．植物や動物の細胞もそうであり，ヒトの体液も水溶液である．代謝反応や，生化学反応はすべて水による希釈や分散作用によっている．溶媒と極性が近い（親和性の高い）物質が溶媒に溶ける．だから水には塩類が非常によく溶ける．この性質を親水性という．その逆の性質が疎水性といわれ，水と親和性の低いものどうしが集まる性質がこれによるものである．たとえば，水洗いで取れない汚れは，水には溶けないものを溶解する性質の有機溶媒を用いて，ドライクリーニングで汚れを落とすわけである．

　塩類はイオン結合によってできた物質である．すなわち陽イオンと陰イオンとが静電気力で引き合うことで相互作用している．一方，水は前述したように，分子内に電荷の偏りをもっている．つまり，水分子中の酸素原子と塩の陽イオンとが，また，水分子中の水素原子と塩の陰イオンとが近接することにより，塩の結晶内のイオン間の静電気力が弱められ，塩が水分子に取り込まれていくことになる．この結晶内から分離したイオンが水分子に取り囲まれた状態を，水和という（**図 7-4**）．砂糖が水に大量に溶けるのも，砂糖（スクロース）が分子内に OH 基を複数もっているので，水分子との間に水素結合が形成されるためよく溶けるわけである．生命の維持も水がものを溶かす能力に依存しているところが大きい．

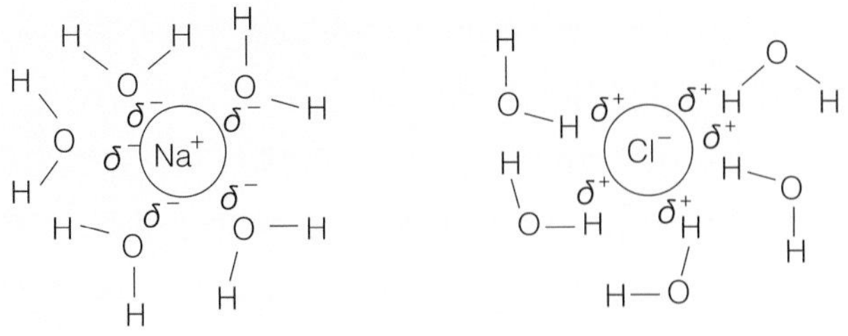

イオン結合性の物質は，水分子にとり囲まれて水に溶ける．

図 7-4　水和

2　ヒトを形づくる元素

　前節でも述べたように, 生体の大部分は水（H_2O）である. そのほかには生体の化合物の多くは炭素（C）を中心にした化合物である. これは, 炭素が四価という結合の手をもち, 多様かつ複雑な有機化合物をつくることができる元素であるからという理由で説明される. 水や有機化合物の構成元素が, 生体中大きな割合を占めることになる. それ以外では一体どんな元素が成分として含まれているかみてみよう.

1. ヒトの主要無機元素

　ヒトの構成元素を表にしてみるとこのようになる（**表7-1**）.

元　素	質量化（%）
酸　素	65.00
炭　素	17.50
水　素	11.00
窒　素	2.40
カルシウム	2.00
リ　ン	1.00
カリウム	0.40
硫　黄	0.20
ナトリウム	0.20
塩　素	0.20
マグネシウム	0.05
鉄, マンガン, ヨウ素, 銅, コバルト, 亜鉛など	微　量

表7-1　ヒトの構成元素

　これをみると上位3元素で合わせて90%を超える. ついで量的に多い元素は窒素であるが, これはタンパク質や核酸の構成元素である. このように, 体をつくる主要な元素は, タンパク質, 糖質（炭水化物）, 脂質, それに核酸などの有機化合物として存在しており, 大部分が分子量の大きな高分子化合物として存在する. 元素が単体で存在するのはごくわずかしかない. しかしこの低分子の無機質こそがヒトの体を形づくるには重要な役割を担っていると考えられる. 無機元素の中でも体内に存在する含量で主要無機元素と, 微量無機元素に分けられる. カルシウム, リン, カリウム, 硫黄, ナトリウム, 塩素, マグネシウムの7種が主要無機元素で, 表7-1によると生体の全質量に占める割合はわずか4%である. このうち, 無機元

素の中で最も豊富に存在するカルシウムは，リンとともにほとんどは骨の成分として存在している．カルシウムの99％以上が骨格に含まれる．硫黄はタンパク質の構成成分として含まれる．そのほかの無機元素は，次の節で触れるイオンの形で存在するものが多い．

2.　イオンとしての重要な無機元素

　上記の主要無機元素のうち，ナトリウムとカリウムはイオン化エネルギーが小さいので容易に陽イオンとなる．ともに1族の典型元素であるが，生物体はこの二つのイオンを明確に区別している．動物の体液中のNa^+の濃度は140 mM（M＝mol／l）であり，K^+の濃度の数十倍も高い．一方で，体液に包まれている細胞内のK^+の濃度は100 mMに対してNa^+は逆に10 mM程度である．すなわちNa^+は細胞外に多く，K^+は細胞内に多量に含まれる．このように生物はKとNaをはっきりと区別している．このような濃度差が維持されているのは，Na^+とK^+の能動的輸送を司るナトリウムポンプが存在するからである．塩素はこれらの陽イオンの電荷を相殺するために塩化物イオンCl^-として存在する．体液の浸透圧の維持に重要であるが，胃酸の成分として消化酵素の働きも調節している．カルシウムイオンCa^{2+}は，骨の成分として存在する残りの1％程度が組織や体液に存在する．Ca^{2+}は酵素との相互作用を通じて筋肉の収縮や血液凝固の促進など，情報を細胞内に伝達するメッセンジャーとして多彩な生理作用を示す．

　マグネシウムはリン酸塩や炭酸塩として骨や歯に含まれる以外に，二価の陽イオンMg^{2+}として細胞内において主としてATP加水分解酵素の活性化に必要とされる．

3.　ヒトに重要な微量無機元素

　含量としては，1％以下と微量であるが，生命現象の基本に深く関わっている無機元素がある．微量無機元素の中で最も含量の多い元素は鉄（Fe）である．酸素を運搬する赤血球に存在するヘモグロビンや，酸素の貯蔵タンパクであるミオグロビンは，Feを中心に配位したヘムを含んでいる．呼吸によって取り入れた酸素分子を末梢組織にまで輸送する重要な役割を果たしている．また，ミトコンドリアにおける電子伝達系を構成するシトクロムにもFeは含まれており，

　$Fe^{2+} \iff Fe^{3+} + e^-$　の反応による電子伝達を通じてATPの合成に関与している．そのほかの微量元素には，酵素の活性化（銅，亜鉛，マンガンなど），ホルモンの構成成分（ヨウ素，亜鉛など），ビタミンの補酵素に含まれる（コバルトなど）などといった，ヒトが健康を維持して生きるために必要とされる元素が多い．

263-00521

3 糖質（炭水化物）

到達目標

1 具体的な糖を列挙する.

2 具体的な多糖類を列挙する.

（◆う蝕に関わる糖および代用甘味料を列挙する）

　糖質（carbohydrate）は，甘いものや砂糖のことだけでなく，一般に $Cn(H_2O)m$ の化学式を持つので，炭水化物として分類される．アルコール性のヒドロキシ基（－OH／Hydroxy 基，水酸基）とともに，アルデヒド基（－CHO／formyl 基，ホルミル基）やカルボニル基（C＝O／keto 基）をもつものをいう．そのため官能基によってアルドースあるいはケトースという．最も小さい分子は n ＝ 3 のものであり，アルドースはグリセルアルデヒド（**図 7-5**），ケトースはジヒドロキシアセトン（**図 7-6**）となる.

D-グリセルアルデヒド

L-グリセルアルデヒド

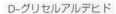

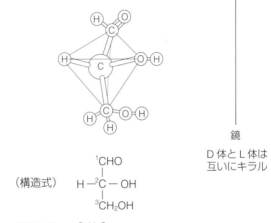

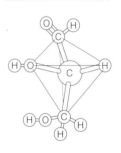

鏡
D 体と L 体は
互いにキラル

（構造式）

$$\overset{1}{C}HO$$
$$H-\overset{2}{C}-OH$$
$$\overset{3}{C}H_2OH$$

$$\overset{1}{C}HO$$
$$HO-\overset{2}{C}-H$$
$$\overset{3}{C}H_2OH$$

（分子式）　　$C_3H_6O_3$

$C_3H_6O_3$

下から 2 番目の C は不斉炭素である.

図 7-5　グリセルアルデヒド（D 体と L 体）

ジヒドロキシアセトン

$$CH_2OH$$
$$|$$
$$C＝O$$
$$|$$
$$CH_2OH$$

分子式は $C_3H_6O_3$ であり，グリセルアルデヒドと同じである.

図 7-6　ジヒドロキシアセトン

　グリセルアルデヒドの構造式において下から 2 番目の C 原子（この炭素は不斉〔ふせい〕炭素とよばれる）にヒドロキシ基（－OH）が右側についている構造を D 体とよび，

反対側についている構造をL体とよぶ．この二つの分子は，実像と鏡像の関係にある立体異性体で光学異性体という（p.107参照）．両手のひらの関係と同じく，重ね合わせることのできないキラリティ（掌性）という．天然に存在する糖はほとんどがD体である．

　これら化合物を炭素数で分類すると三炭糖（トリオース，triose）に属する．以降炭素数が4，5，6のものをそれぞれ四炭糖（テトロース，tetrose），五炭糖（ペントース，pentose），六炭糖（ヘキソース，hexose）という．

　単糖類（モノサッカリド）を基本単位とし，それが2個縮合したものを二糖類，多数縮合したものを多糖類とよぶ．多糖類には数千から数万個の単糖類が結合したものもある．また，オリゴ糖（少糖，oligosaccharide）とよばれているのは，分解すると2個から10個程度の単糖類が得られるものをいうが，昔の言い方で現在はあまり使われない（オリゴとはoligo－寡少という意味である）．

1. 単糖類

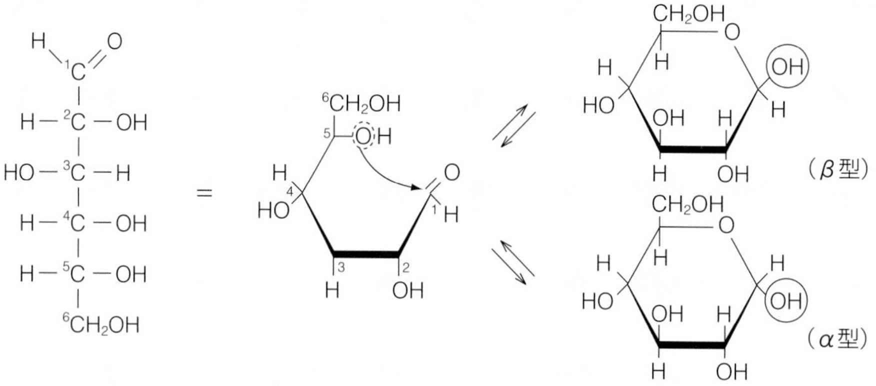

図7-7　鎖状のD-グルコースと環状のD-グルコース（α型とβ型）

　単糖類（モノサッカリド，monosaccharide）は基本的な糖である（図7-8）．これ以上さらに簡単な糖単位には分解できないものである．自然界に比較的多量に存在するのは三〜七炭糖であり，八炭糖としてはヒトの赤血球の構成成分などが知られるが，その種類と量は少ない．

　単糖類で主なものは，日常でなじみのあるグルコース（ブドウ糖のこと，glucose 図7-7），フルクトース（果糖のこと，fructose　図7-9）でこれらは六炭糖である．

　天然に存在するグリセルアルデヒドはD体であり，そのため，ここから生合成される単糖類もD体である．糖の構造式を書くときはだいたい直鎖状に書くことが多いが，実際に生体内に存在する構造は直鎖状ではない．というのは，図7-7のようにアルドースの炭素鎖は1位の炭素原子と5位の炭素原子に結合した酸素原子が立体的に近接しているので，アルデヒド基（ホルミル基）とヒドロキシ基（－OH）が反応しやすい距離にある．この場合，環状構造となる（ヘミアセタールと

263-00521

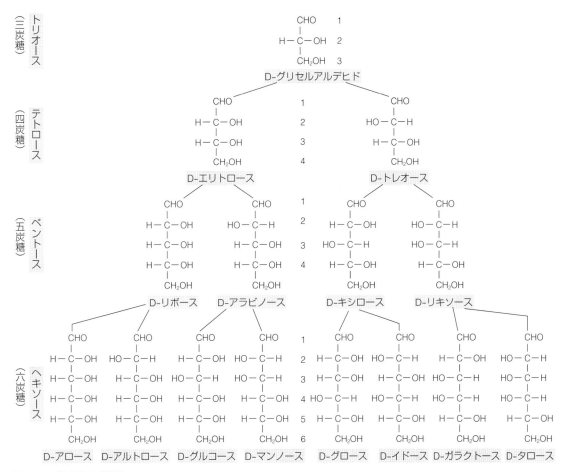

図 7-8　代表的な単糖

図 7-9　鎖状の D- フルクトースと環状の D- フルクトース（α 型と β 型）

いう）．ケトースの場合も同様図 7-9 のように 2 位の炭素原子と 5 位の炭素原子に結合した酸素原子が立体的に近接し，ケトンを形成し環状構造をとる（ヘミケタールという）．さらに，アルデヒドやケトンが環状構造を形成するときの立体配置により，新たに生じた不斉炭素による立体異性体が加わり，α 型と β 型が出現する．

　六炭糖の代表的なものは D- グルコース，D- ガラクトース，D- マンノース，あ

るいは D- フルクトースで，これらは自然界では環状で存在する．グルコースは特に重要であり，生体のエネルギーの供給源である．

　五炭糖には，リボ核酸とデオキシリボ核酸の糖の部分を構成する，それぞれ D- リボース，D- デオキシリボースがある．リボースはビタミン B_2 の構成成分としても重要である．D- キシロースは白樺や樫の樹液から抽出したキシランの構成単位である．

　次に，単糖の誘導体をいくつか紹介する．将来の生化学系の専門基礎科目などに出てくる代表的な物質の構造を図 7-10 に示す．

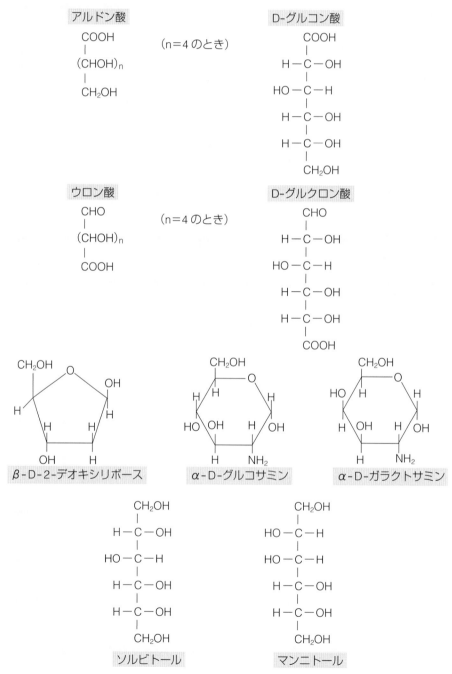

図 7-10　単糖の誘導体

263-00521

アルドースのアルデヒド基（ホルミル基）が酸化されてカルボキシ基になったものを，アルドン酸とよぶ．強酸でありカルシウムイオンのような陽イオンと結合しやすい．また，アルドースの炭素鎖の末端のヒドロキシメチル基が酸化されてカルボキシ基になったものを，ウロン酸とよぶ．フェノールやステロールなどと結合して尿中にみられる．グルコースの酸化物をそれぞれグルコン酸，グルクロン酸という．

単糖のヒドロキシ基が1個水素原子に置き換わったものは，デオキシ糖である．DNAを構成する糖として β-D-2-デオキシリボースがある．

単糖のヒドロキシ基が1個アミノ基（$-NH_2$）に置き換わったものは，アミノ糖である．**図7-10** では α-D-グルコサミンと α-D-ガラクトサミンの構造を示す．

カルボニル基がアルコールに還元されたものを糖アルコールという．グルコースからはソルビトール，マンノースからはマンニトールが得られる．

2. 二糖類（図7-11）

代表的な二糖類は，甘味料としてすぐに思いつく砂糖であり，植物に広く存在する物質である．化学的には砂糖はスクロース（sucrose，ショ糖ともいう）という．工業的に砂糖を得るためには，さとうきびやてんさい（サトウダイコン）を原料とする．化学式は $C_{12}H_{22}O_{11}$ で表される．二つの六炭糖分子が結合するときに，1分子の水が脱水して縮合した形になっている．

すなわち水を加えて加水分解すると，二糖1分子から単糖2分子が得られる．

$$C_{12}H_{22}O_{11} \ + \ H_2O \ \longrightarrow \ 2C_6H_{12}O_6$$

構造的には，単糖であるグルコースの1位の炭素原子に結合した α-OH（**図7-7**）と，フルクトースの2位の炭素に結合した β-OH（**図7-9**）との間で脱水縮合してできた二糖である．糖の場合にみられる脱水縮合をグリコシド結合という．この結合により，それぞれ単分子のときのグルコースとフルクトースにみられる還元性を示す構造が，縮合によりつぶれる．したがって，グルコースとフルクトースの2分子から水分子がとれて一つの大きな分子となったスクロースには，還元性がみられない．スクロースに希塩酸あるいは希硫酸を加えて加熱すると加水分解されて，ともに $C_6H_{12}O_6$ で表されるグルコースとフルクトースになる．この反応を転化といい，得られた単糖の混合物を転化糖という．ヒトでは腸内のスクラーゼという酵素により転化が起こる．食品業界では酵母由来のインベルターゼを用いて転化しハチミツを製造している．

ハチミツが砂糖より甘く感じるのは，グルコースがスクロースの0.6倍の甘さに対して，フルクトースは果物に含まれる糖として知られている通り，スクロースの2倍近い甘さがあるためである．一方で，ハチミツが加熱により着色しやすいのは，還元性のある，すなわち自らが酸化されやすい単糖から構成されているのに対して，スクロースは還元性をもたないことによる．

スクロースについで生体内で重要な二糖は，マルトース（麦芽糖），ラクトース（乳

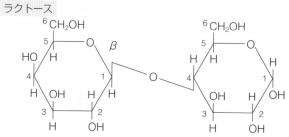

図 7-11　二糖の構造

糖）などがある．マルトースは，α-グルコースの 2 分子が，1 位の炭素原子と 4 位の炭素原子の間で水 1 分子が脱水縮合することにより結合したものである．この結合を α- 1, 4 グリコシド結合という．デンプンを唾液中の酵素アミラーゼで加水分解すると得られる．ラクトースは牛乳中 4%，人乳中 5 〜 7%含まれるので乳糖（milk sugar）とよばれる．α-グルコースと β ガラクトースが β-1, 4 グリコシド結合により縮合したものである．ラクトースは小腸の酵素ラクターゼによりガラクトースとグルコースに分解されるので，ヒトが牛乳を飲むと，小腸から分解

263-00521

された糖が血中へ吸収される．ところがラクターゼを欠損している人や酵素活性が減退している人などの場合は，消化されず小腸でラクトースが蓄積し，吸収障害をきたして下痢になりやすい．

3. 多糖類（図 7-12）

　天然には多くの種類の多糖が存在しており，生物学的に重要なのは D- グルコースの重合体であるデンプン，グリコーゲンおよびセルロースである．単糖類またはその誘導体が多数脱水縮合したものである．分子量が大きくグリカン（glycan），ポリサッカリド（polysaccharide）とよばれる．1 種の単糖から構成されるものをホモ多糖，複数の単糖から構成されるものをヘテロ多糖という．また，特にグルコースのみからなるものをグルカン（glucan），ガラクトースのみからなるものをガラクタン（galactan），ペプチドが結合した多糖をペプチドグリカン（peptideglycan）という．

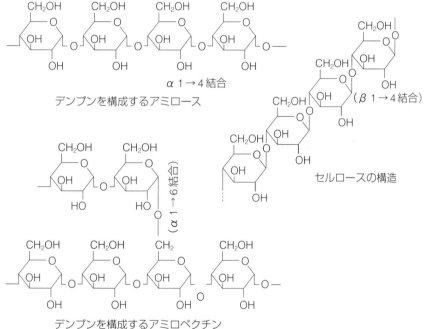

図 7-12　多糖類の構造

1）デンプン

　デンプンは，米，麦，じゃがいも，とうもろこしといった普段私たちが摂取する食物の主成分である．2 種の多糖，すなわち水溶性のアミロース（amylose）と，水に不溶のアミロペクチン（amylopectin）の構造体が基本骨格になっている．200 〜 1,000 個の α-D グルコース（グルコース単位）が，α - 1，4 結合でつながった巨大鎖状の構造をとった多糖がアミロースである．一方，アミロペクチンは枝分かれをしており，20 〜 24 個のグルコース単位ごとに α-1,6 結合した分枝を

もっている．アミロースよりさらに巨大で，5,000から数万個のグルコース単位からなっている．このデンプンを酸，酵素あるいは乾熱処理で部分分解して得られるものがデキストリンとよばれる多糖で，これは湿った状態ではねばねばした性質をもち，切手や障子の糊として使われる．パンの表面が黄金色に焦げついた物質もこれである．

2）グリコーゲン

デンプンはヒトが食物として摂取すると，D-グルコースまで分解されてから吸収されエネルギー源として利用される．余ったグルコースは肝臓や筋肉でグリコーゲンとして合成され蓄えられる．グリコーゲンはアミロペクチンと似た構造をしている多糖であるが分枝の間隔がアミロペクチンとは異なり，8〜12個のグルコース単位ごとに枝分かれをしたものがグリコーゲンである．分子数もデンプンより多く，数千から数万個の重合体になっている．この高分子量ゆえに貯蔵物質として適している．

3）セルロース

セルロースは，植物の細胞壁の主な成分である．300から25,000個のD-グルコースが β-1,4結合でつながった，分枝のない直線状の分子となっている．ヒトはセルロースの β グリコシド結合を切断する酵素をもたないため，食物として摂取しても消化できないのである．牛のような複数の胃をもつ反芻動物は胃の中にセルロースを分解できる微生物が生息しているため消化できるのである．ヒトの酵素も多糖のグリコシド結合の α 型と β 型を厳密に区別していることになる．

4）そのほかの多糖

ヘテロ多糖としては，代表的なものはペクチン（**図7-13**）やコンニャクマンナンなどがある．ペクチンはガラクツロン酸という単糖が縮合重合し，カルボキシ基の一部が脱水縮合した（メチルエステル化）ガラクツロン酸重合体である．これは成熟した果実に多く含まれ，砂糖とクエン酸とともに煮て冷却すると，ゲル化する．これはいわゆるフルーツジャムである．コンニャクマンナンはD-グルコースとD-マンノースが β-1,4結合し，多数結合し挿入した多糖である．

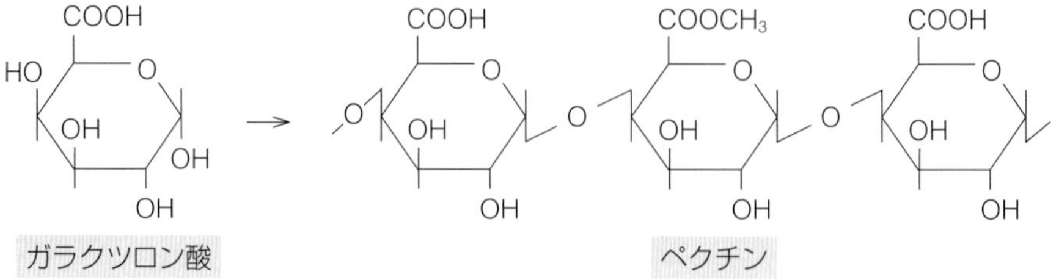

図7-13　ペクチン

コラム

う蝕と代用（代替）甘味料

口の中にはさまざまなバクテリアが生息しているが，その中でう蝕の原因とされているバクテリアとしてミュータンス菌（*Streptococcus mutans*）が知られている．このミュータンス菌はスクロースの二糖の間のグリコシド結合を切断する酵素をもっているため，ヒトが食べた砂糖を利用してグルコースからなる多糖であるグルカンを生成する．これは水に不溶のねばねばした多糖なので，プラークとともに歯面にこびりつき，さらに副産物として乳酸を産生するため，時間がたつと歯を溶かしてしまう．つまり，食物やバクテリアを短時間で口の中からできるだけ除去してしまうのが一番のう蝕（むし歯）予防につながるが，別の観点から，スクロースでない，ミュータンス菌が利用できない物質を甘味料として代替できればよいという考えがある．いままでにもダイエットの目的として代用甘味料の開発がされてきた．グルコースを還元すると，糖アルコールであるソルビトールができる．

これは砂糖の約半分の甘味を有する．アスパラギン酸とフェニルアラニンメチルエステルを縮合させて得られるジペプチドは，アスパルテームとよばれ，スクロースの 200 倍もの甘味を有する．これはペプチドなので体内でも容易に分解され，安全性にも問題のない低カロリーの甘味料である．また，キシリトールは白樺の樹液からとったキシランを還元した糖アルコールであり，チューインガムに採用されている．ミュータンス菌のプラーク中における発育を抑制し，酸産生を抑制することでう蝕を予防するわけである．このキシリトールには欠点が二つある．溶けるときに吸熱するので，食べてみるとわかると思うが，口の中がひんやりする．だからチョコレートに入れる場合はミントチョコにしか適さない味である．また，腸内の浸透圧のバランスを崩すため，食べ過ぎると下痢をするおそれがあるので注意しないといけない．

アスパルテーム

HOOCCH$_2$CH ─ CONHCHCOOCH$_3$
　　　　│　　　　　　│
　　　NH$_3$　　　　　CH$_2$
　　　　　　　　　　　│
　　　　　　　　　　　C
　　　　　　　　　HC╱ ╲CH
　　　　　　　　　│　　　│
　　　　　　　　　HC╲ ╱CH
　　　　　　　　　　　C
　　　　　　　　　　　H

キシリトール

CH$_2$OH
│
H ─ C ─ OH
│
HO ─ C ─ H
│
H ─ C ─ OH
│
CH$_2$OH

④ アミノ酸とタンパク質

到達目標

1. タンパク質を構成するアミノ酸を列挙する．
2. アミノ酸の構造と性質を説明する．
3. 具体的なタンパク質の性質を説明する．
4. タンパク質の高次構造と機能を説明する．
5. アミノ酸誘導体の具体例を列挙する．

（◆ 必須アミノ酸を列挙する）

タンパク質は，生物中に存在する分子の中で，多くが複雑で変化に富んだ大きい物質である．

すべての細胞に存在するので，生物細胞の原形質の主成分であるばかりでなく，

263-00521

生命現象に直接関与する重要な機能をもつものが少なくない．炭水化物・脂質とともに動物三大栄養素の一つでもある．すなわちタンパク質なしでは生命は考えられないといっても過言ではない．

　タンパク質の語源はドイツ語の Eiweiss［卵白］で，英語では Protein（プロテインと発音）と書くが，オランダの化学者ミュルダー（G. J. Mulder）が 1838 年に化学雑誌で使ったのが初めてであり，ギリシャ語の Proteus（最も大切なもの）が語源となっている．

1. アミノ酸の構造と性質

　タンパク質は高分子のポリマーで，水を加えて加熱する（加水分解）とアミノ酸（amino acid）という単位分子まで分解される．元素組成は，すべてのタンパク質は炭素（C），窒素（N），酸素（O），および水素（H）を含んでおり，その他元素として，多くのものが硫黄（S）を含んでおり，リン（P），銅（Cu），亜鉛（Zn）などを含むものもある．このアミノ酸の配列，すなわちアミノ酸の並んでいる順番（後述の一次構造）が，タンパク質の特質と機能を決めている．すなわちタンパク質を知るためには，アミノ酸について知らなければならない．**図 7-14** はアミノ酸の一般的な立体配置である．

　中央の炭素原子（C に ＊ をつけて表し，α 炭素という）にアミノ基（$-NH_3$）とカルボキシ基（$-COOH$）が結合している．その他水素（H）と側鎖（R と表記することが多い）の合計四つの官能基からアミノ酸 1 分子は成り立っている．このうちアミノ基とカルボキシ基の双方をもっていることから，溶けている水溶液の液性により，正電荷と負電荷の両方を帯電することができる．つまり，水溶液の pH が酸性側のときはアミノ酸分子の全体が正（＋）を帯び，逆に塩基性のときは分子全体が負（－）を帯びるようになる．このように溶けている環境により正負どちらもとることができるので，両性イオンとよばれる（**図 7-15**）．

　アミノ酸が複数結合したものをペプチドという．アミノ酸が二つ結合したものをジペプチド，三つならトリペプチド，四つならテトラペプチド，多数結合するとポリペプチドとなる．このペプチドは，アミノ酸どうしが 2 分子結合するときに，1 分子の水が脱水縮合してできたもので，この部分の結合をペプチド結合とよんでいる（**図 7-16**）．

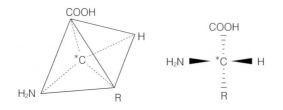

図 7-14　アミノ酸の構造

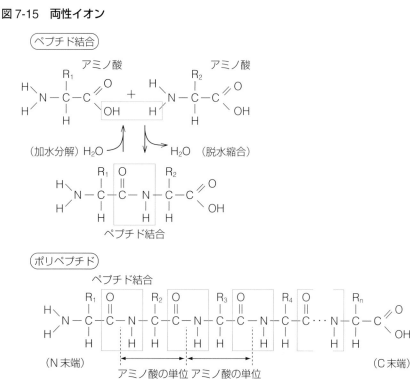

$$H_3N^+ - {}^*C - COOH \xleftarrow{H^+} H_3N^+ - {}^*C - COO^- \xrightarrow{+OH^-} H_2N - {}^*C - COO^-$$

陽イオン（酸性）　　　　　両性イオン　　　　　陰イオン（塩基性）

図 7-15　両性イオン

ペプチド結合

アミノ酸　　　　　　アミノ酸

（加水分解）H_2O　　　　H_2O　（脱水縮合）

ペプチド結合

ポリペプチド

ペプチド結合

（N末端）　　　　　　　　　　　　　　　　　　　　　（C末端）

アミノ酸の単位　アミノ酸の単位

図 7-16　ペプチド結合のできかた

2. 20 種のアミノ酸

　生体内でタンパク質を構成するアミノ酸は 20 種類ある．基本構造のR側鎖の部分がそれぞれ異なっている．生物学や生化学などでアミノ酸配列を表記するときに略号をよく用いるが，**図7-17** ではよく使う三文字表記と一文字表記の双方を示した．たとえば，最も分子量の小さいアミノ酸は，R側鎖がHになったグリシン（Glycine）である．英語表記上の頭文字などを使用して略語としているものが多く，グリシンは三文字表記では Gly，一文字表記では G となっている．

3. アミノ酸の分類

　R側鎖の種類により大きく四つの分類ができる．第1グループ：非極性アミノ酸，第2グループ：極性無電荷側鎖アミノ酸，第3グループ：極性電荷アミノ酸．水中において負に帯電するもの，第4グループ：極性電荷アミノ酸．水中において正に帯電するもの．第1グループは疎水性の性質をもち，第2，3，4グループは親水性の性質をもつ．

263-00521

4　アミノ酸とタンパク質 145

第1グループ
非極性アミノ酸（9種類）：疎水性の性質を持つ

グリシン：Gly,G
glycine

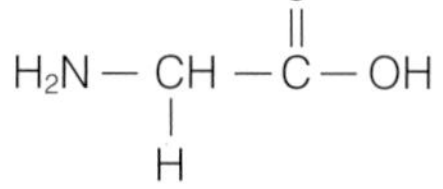

$$H_2N - CH - C - OH$$
（O、H）

アラニン：Ala,A
alanine

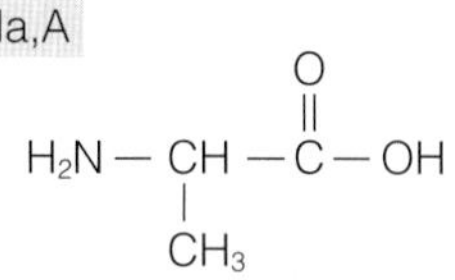

$$H_2N - CH - C - OH$$
（O、CH_3）

バリン：Val,V
valine

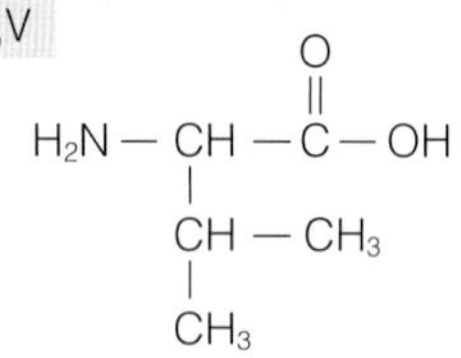

$$H_2N - CH - C - OH$$
（O、$CH - CH_3$、CH_3）

ロイシン：Leu,L
leucine

$$H_2N - CH - C - OH$$
（O、CH_2、$CH - CH_3$、CH_3）

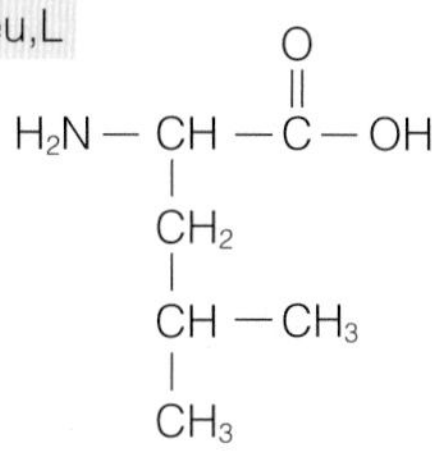

イソロイシン：Ile,I
isoleucine

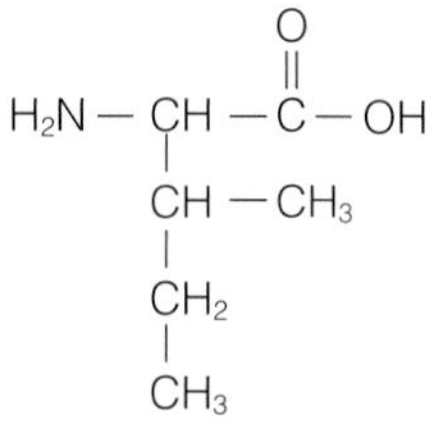

$$H_2N - CH - C - OH$$
（O、$CH - CH_3$、CH_2、CH_3）

プロリン：Pro,P
proline

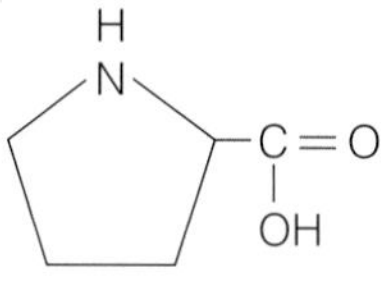

（N、H、$C = O$、OH）

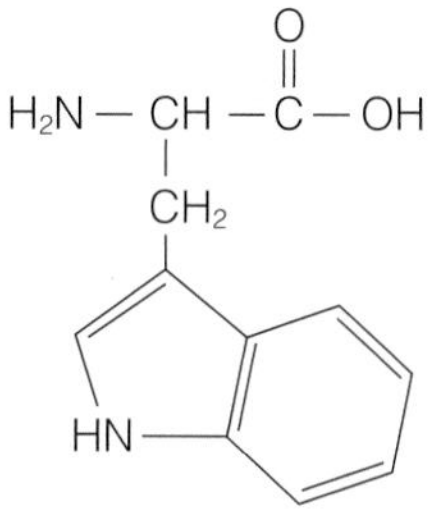

第2グループ
極性無電荷側鎖アミノ酸（6種類）：親水性

セリン：Ser,S
serine

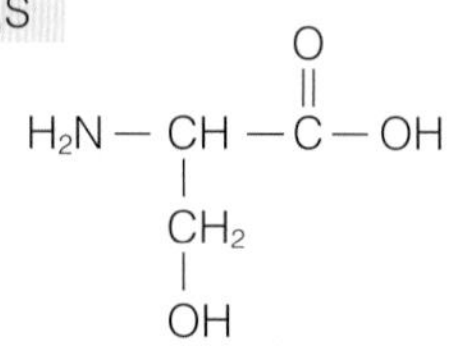

$$H_2N - CH - C - OH$$
（O、CH_2、OH）

メチオニン：Met,M
methionine

$$H_2N - CH - C - OH$$
（O、CH_2、CH_2、S、CH_3）

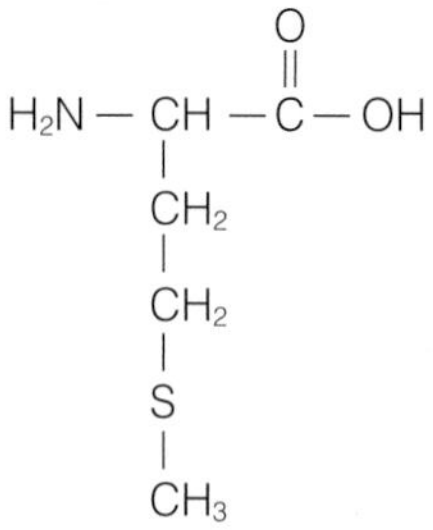

フェニルアラニン：Phe,F
phenylalanine

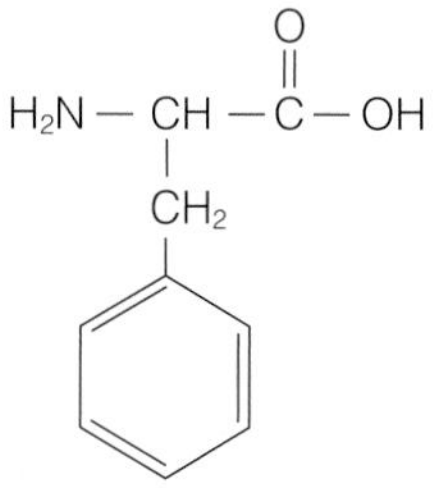

$$H_2N - CH - C - OH$$
（O、CH_2、ベンゼン環）

トリプトファン：Trp,W
tryptophan

$$H_2N - CH - C - OH$$
（O、CH_2、インドール環、HN）

チロシン：Tyr,Y
tyrosine

$$H_2N - CH - C - OH$$
（O、CH_2、ベンゼン環、OH）

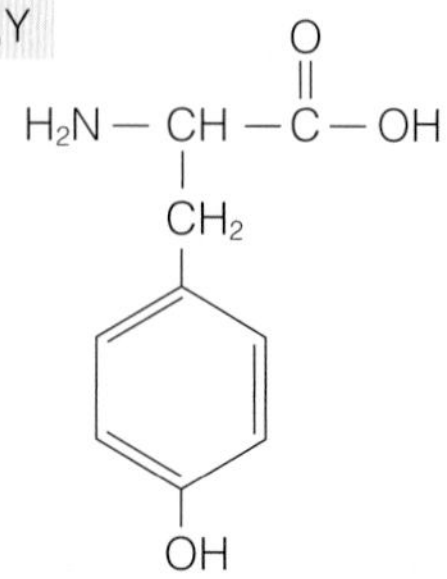

図7-17　アミノ酸のグループ分け

263-00521

スレオニン（トレオニン）：Thr,T
threonine

$$H_2N-CH-\overset{\overset{\displaystyle O}{\|}}{C}-OH$$
$$|$$
$$CH-OH$$
$$|$$
$$CH_3$$

アスパラギン：Asn,N
asparagine

$$H_2N-CH-\overset{\overset{\displaystyle O}{\|}}{C}-OH$$
$$|$$
$$CH_2$$
$$|$$
$$C=O$$
$$|$$
$$NH_2$$

システイン：Cys,C
cysteine

$$H_2N-CH-\overset{\overset{\displaystyle O}{\|}}{C}-OH$$
$$|$$
$$CH_2$$
$$|$$
$$SH$$

グルタミン：Gln,Q
glutamine

$$H_2N-CH-\overset{\overset{\displaystyle O}{\|}}{C}-OH$$
$$|$$
$$CH_2$$
$$|$$
$$CH_2$$
$$|$$
$$C=O$$
$$|$$
$$NH_2$$

第3グループ
極性電荷アミノ酸：水中において負に帯電する塩基性アミノ酸（2種類）：親水性

アスパラギン酸：Asp,D
aspartic acid

グルタミン酸：Glu,E
glutamic acid

第4グループ
極性電荷アミノ酸：水中において正に帯電する酸性アミノ酸（3種類）：親水性

リシン：Lys,K
lysine

ヒスチジン：His,H
histidine

アルギニン：Arg,R
arginine

図7-17　アミノ酸のグループ分け（続き）

4．タンパク質の構造（図7-18）

　アミノ酸の側鎖の性質が，タンパク質の構造にさまざまな影響を与え，最終的に複雑な構造を示して，全体として生命現象に関する反応に関わっているのである．タンパク質の構造は次のように段階的に区別されている．

（1）一次構造

　ペプチド結合によるアミノ酸の結合の順序のこと．

（2）二次構造

　ペプチドどうしが折りたたみ構造になって相互に繊維状の構造をとったり（β構造，スカートのひだのように折りたたまれているのでプリーツ構造ともいう），または，右巻きのらせん状に回転したり（αらせん構造という）することでペプチドを安定化している．

（3）三次構造

　二次構造のペプチド鎖が，さらに折れ曲がって複雑な一定の構造をとる．このことで，特定のアミノ酸が表面に露出されたり，反対に内側に曲がりこむことによって，全体としてタンパク質のイオン性，水溶性や酵素活性などの生命現象を表現することができる．

（4）四次構造

　ある種のタンパクは，互いに類似した三次構造のポリペプチド（一つひとつをサブユニットという）が弱い相互作用で，空間構造を形成する（これを会合という）．たとえば，血液中で酸素運搬に関わるタンパクを例にとると，ヘモグロビンは，サブユニットが四つ会合して四次構造を形成している．

5．アミノ酸誘導体

　アミノ酸を原料としてできた化合物の中で生体にとって有用な物質をいくつか紹介する（図7-19）．

（1）チロキシン

　甲状腺のタンパク質に含まれるアミノ酸であるチロシン（Tyr, Y）からつくられるチロキシンは甲状腺ホルモンとして知られている．脳下垂体から分泌される甲状腺刺激ホルモンの働きで甲状腺から分泌され，ホルモンとして成長促進などに作用する．

（2）アドレナリン

　エピネフリンともいい，心拍数や血圧の上昇といった，体の緊張状態に適応しやすいように分泌されるホルモンである．フェニルアラニン（Phe, F）やチロシン（Tyr, Y）からつくられることが知られている．

（3）クレアチン

　筋肉中に含まれるエネルギー物質で，主にリン酸と結合した形（クレアチンリン

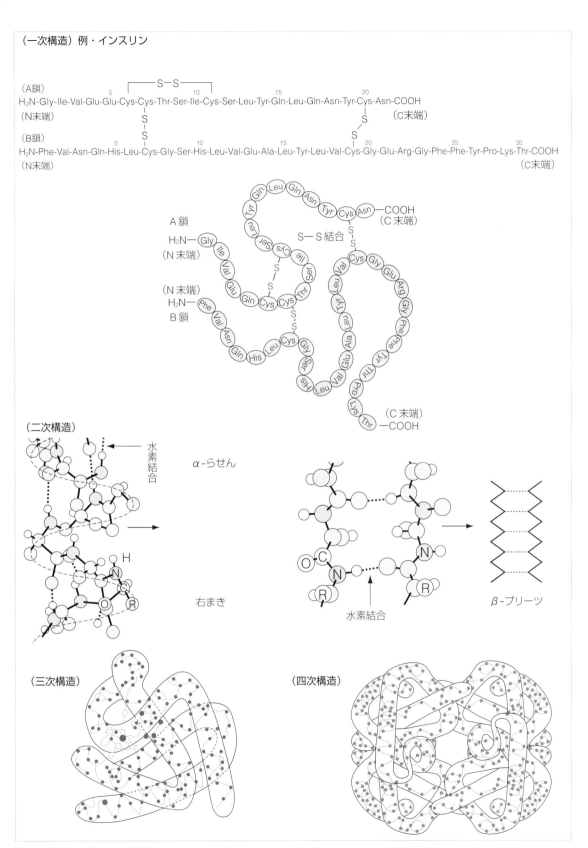

（一次構造）例・インスリン

（A鎖）

H₂N-Gly-Ile-Val-Glu-Glu-Cys-Cys-Thr-Ser-Ile-Cys-Ser-Leu-Tyr-Gln-Leu-Gln-Asn-Tyr-Cys-Asn-COOH

（N末端）　　（C末端）

（B鎖）

H₂N-Phe-Val-Asn-Gln-His-Leu-Cys-Gly-Ser-His-Leu-Val-Glu-Ala-Leu-Tyr-Leu-Val-Cys-Gly-Glu-Arg-Gly-Phe-Phe-Tyr-Pro-Lys-Thr-COOH

（N末端）　　（C末端）

（二次構造）

水素結合

α-らせん

右まき

β-プリーツ

水素結合

（三次構造）

（四次構造）

図7-18　タンパク質の構造

263-00521

アドレナリン（エピネフリン）

チロキシン

クレアチン

図 7-19　アミノ酸誘導体の例

酸）で存在し，瞬発力を必要とするオリンピック選手のサプリメントとしても利用されている．グリシン（Gly, G），アルギニン（Arg, R）などから合成される．

アミノ酸の呼び方

栄養学の分野では，リシンをリジン，スレオニンをトレオニンといいます．

コラム

栄養学的に重要なアミノ酸について

三大栄養素のひとつとしてタンパク質があげられるが，この栄養効果は，そのアミノ酸の組成によって変わることが知られている．成長に欠くことのできないアミノ酸は動物の種類により異なるが，ヒトでは 8 種類あることが知られており，次の通りである．

イソロイシン（Ile），ロイシン（Leu），リシン（Lys），メチオニン（Met），フェニルアラニン（Phe），スレオニン（Thr），トリプトファン（Trp），バリン（Val）．

これらを必須アミノ酸といい，ヒトでは体内で合成できないので摂取しなければならない．なお，教科書によっては必須アミノ酸を先の 8 個にアルギニン（Arg）とヒスチジン（His）を加えて 10 個としているものもある．しかし，体内でこの二つは不十分ながら合成されるのでここでは必須アミノ酸には含めないこととする．

必須アミノ酸の覚え方：トロリーバス不明

ト（トリプトファン）ロ（ロイシン）リー（リシン）バ（バリン）ス（スレオニン）ふ（フェニルアラニン）め（メチオニン）い（イソロイシン）

ちなみに，1973 年 FAO（国際食糧農業機関）と WHO（世界保健機構）がヒトに対する理想タンパクを決めた．それによるとタンパク 1g 中の必須アミノ酸含量（mg）は 360mg／g となっている．必須アミノ酸それぞれに対する必要量を表にした．

ちなみに，合成量が不十分なアミノ酸，合成されても急速に分解されてしまうアミノ酸がある．これらを健康増進，健康維持のために摂取する必要があるものとして準必須アミノ酸に分類する．ヒトでは次の 4 種があげられる．

システイン（Cys），チロシン（Tyr），アルギニン（Arg），ヒスチジン（His）

1g中の必須アミノ酸含量（mg）

Trp	10
Leu	70
Lys	54
Val	50
Thr	40
Phe	61
Met	35
Ile	40

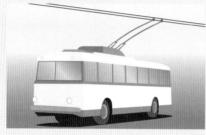

263-00521

脂質

> **到達目標**
> **1** 脂肪酸の種類と名称を列挙する．
> **2** 油脂の基本構造と機能を説明する．
> **3** 脂質の種類を説明し，具体例を列挙する．

　脂質は，水に不溶でクロロホルムやエーテルなどの有機溶媒に溶ける，炭化水素鎖を中心とした有機化合物である．構造的には，長い炭化水素鎖の末端にカルボキシ基がついた脂肪酸が，その基本骨格となる．生体内ではエネルギー貯蔵体の中性脂肪，細胞膜構成成分のリン脂質，糖脂質，コレステロールなどがある．生体内のいろいろな脂質について述べる前に，基本骨格である脂肪酸について説明する．

1. 飽和脂肪酸と不飽和脂肪酸

　私たちが日常生活で「あぶら」というと，常温で固形状のものが脂であり，液状のものが油をさす．これらを総称して油脂（fats and oils）という．油脂は生体内のエネルギー源として重要な物質である．一般に，植物や魚類に含まれる油脂は液体であり，動物に含まれるものは固体である．日常でも食用でおなじみのものであり，用途に応じて植物油や牛脂などを使い分けているが，この性質の違いは一体何なのであろう．

　油脂は化学的に完全に加水分解されると，グリセロールと脂肪酸になる．しかし最近の研究では，生体内ではそこまで反応が進むことはないといわれており，「油脂は加水分解されて，モノアシルグリセロールと脂肪酸に分解される」という説が一般的になっている．生体内での油脂の消化反応は段階的に行われている（**図7-20**）．

　ここで分解された脂肪酸には炭素数の違いでいろいろな種類があり，また，炭素原子間の結合様式で，二重結合の有無により飽和脂肪酸と不飽和脂肪酸の二つに分類される．

1）飽和脂肪酸（表7-2）

　炭素原子間のすべての結合が単結合の脂肪酸であり，炭素数が多くなるほど融点が高くなる．動植物で最も多い飽和脂肪酸は，ステアリン酸である．

2）不飽和脂肪酸（表7-3）

　—CH ＝ CH—のように，炭素原子間に二重結合（不飽和結合）がある場合を不飽和脂肪酸という．一般に，天然の不飽和脂肪酸は9番目と10番目の炭素原子間に1個の二重結合がある．また，複数個の不飽和結合がある場合を多価不飽和脂肪酸という．不飽和脂肪酸の主なものには，植物油の成分でもおなじみのリノール

反応①

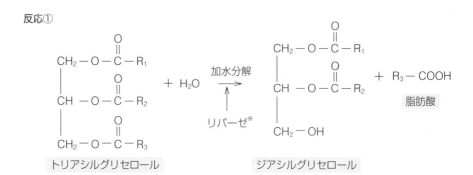

反応②（生体内での反応はここまで）

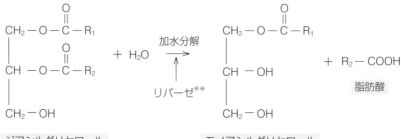

反応③

リパーゼ※　……トリアシルグリセロールリパーゼ
リパーゼ※※　……ジアシルグリセロールリパーゼ
リパーゼ※※※……モノアシルグリセロールリパーゼ

図7-20　油脂の加水分解
油脂（トリアシルグリセロール）が生体内で消化される際は，まずトリアシルグリセロールリパーゼという酵素によって，ジアシルグリセロールと脂肪酸に分解される（反応①）．ジアシルグリセロールはさらに，ジアシルグリセロールリパーゼによって，モノアシルグリセロールと脂肪酸に分解される（反応②）．さらに加水分解されるとグリセロールと脂肪酸になる（反応③）

炭素数	慣用名	一般式
1	ギ　酸	$H-COOH$
2	酢　酸	CH_3-COOH
4	酪　酸	C_3H_7-COOH
12	ラウリン酸	$C_{11}H_{23}-COOH$
14	ミリスチン酸	$C_{13}H_{27}-COOH$
16	パルミチン酸	$C_{15}H_{31}-COOH$
18	ステアリン酸	$C_{17}H_{35}-COOH$

表7-2　主な飽和脂肪酸

263-00521

酸，リノレン酸，オレイン酸がある．二重結合の数が増えるにしたがって融点は低くなる．植物油が液体なのは，不飽和脂肪酸の含有率が高いためである．成分中リノール酸とオレイン酸で脂肪酸の半分以上を占める．また，二重結合の存在によって，シス-トランス異性体ができる．すなわち，二重結合をはさんで同じ側に共通の原子（脂肪酸では水素原子）がある場合がシス型，反対側にある場合にはトランス型である．天然の不飽和脂肪酸はほとんどがシス型の折れ曲がった構造になっている．

　生体内における脂肪酸の合成は，主として飽和脂肪酸だけであり，不飽和脂肪酸の一部が二重結合の付加によって生成される．リノール酸や，リノレン酸およびアラキドン酸はヒトが合成できず，これらを必須脂肪酸とよんでいる．これらが体内で不足すると皮膚異常，腎臓障害といった障害が起こる．また，表中（**表7-3**）のエイコサペンタエン酸（EPA）やドコサヘキサエン酸（DHA）は，メディアでもよく名前を聞くようになったが，魚に多く含まれる脂肪酸で，ヒトの血管の収縮を抑制するため，動脈硬化，心筋梗塞などを予防する効果があることで脚光を浴びた．ほかにも発癌予防，老化予防など多くの作用をもつといわれている．エイコサペンタエン酸（イコサペンタエン酸ともいう）の「エイコサ（イコサ）」とは炭素数が20個であることを示し，「ペンタエン」とは二重結合が5個あるという意味である．ドコサヘキサエン酸の「ドコサ」とは炭素数が22個であり，「ヘキサエン」は二重結合が6個あることを示す（**図7-21**）．

表7-3　主な不飽和脂肪酸

炭素数	慣用名	二重結合の数	二重結合の位置（二つの番号の位置に相当する炭素原子間に二重結合がある）
14	ミリストレイン酸	1	9-10
16	パルミトレイン酸	1	9-10
18	オレイン酸	1	9-10
18	リノール酸	2	9-10，12-13
18	リノレン酸	3	9-10，12-13，15-16
20	アラキドン酸	4	5-6，8-9，11-12，14-15
20	エイコサペンタエン酸	5	5-6，8-9，11-12，14-15，17-18
22	ドコサヘキサエン酸	6	4-5，7-8，10-11，13-14，16-17，19-20

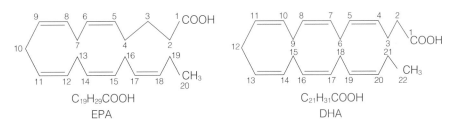

図7-21　エイコサペンタエン酸（EPA）とドコサヘキサエン酸（DHA）
EPAとDHAは魚介類に多く含まれる

2. 脂質の分類：脂質は大きく分けて三つに分類される

1）単純脂質

脂肪酸とアルコールだけからなるエステルで，脂肪やロウなどがこれにあたる．脂肪（fat）は一般的な名前であるが，学術的にはグリセリドという．

（例）　グリセリドの構成成分はグリセロールと脂肪酸である．

グリセロールの3個のヒドロキシ基がエステル化されたもの．1個エステル化されると，モノアシルグリセロール，2個エステル化されるとジアシルグリセロール，3個ともエステル化されるとトリアシルグリセロールとなる（**図7-20**）．天然に存在する大部分がトリアシルグリセロールで，中性脂肪のほとんどがこれに相当する．体内では皮下に貯蔵脂肪として存在しエネルギー源となる一方，生体内の断熱材としての機能もある．

ロウは高級アルコールと高級脂肪酸からなるエステルである．動植物の表面組織で，湿潤乾燥を防ぐ保護物質として存在する．

2）複合脂質

分子中にリン酸基や糖，窒素化合物などが結合した化合物をさす．

（例）リン脂質はリン酸を含む脂質をいい，窒素化合物を含むことが多い．その構成成分はグリセロール，脂肪酸，リン酸，および窒素化合物である．生体膜の構成成分として利用されている．

糖脂質の構成成分は長鎖アミノアルコール（スフィンゴシン）と脂肪酸と糖である．脳，神経組織の膜外層に存在する．

その他ミエリンなど，タンパク質と脂質が結合した複合体もある．

3）誘導脂質

脂質の加水分解で生じる化合物をさす．

（例）脂肪酸…先の**表7-2**をみると，天然の脂肪酸はほとんどが炭素数が偶数である．これは生体内に β 酸化という脂肪酸の酸化経路があり，炭素数2個単位で炭素鎖を切断する回路があることに関係している．

炭化水素…脂肪族炭化水素，カロテノイド（カロチノイド）などもこれに属する．

高級アルコール…主としてロウの分解によって生じる．ステロールもこれに属する．

特にコレステロールは，炭素数27個からなる高級アルコールであり，細胞膜成分として存在するほか，コレステロール骨格を原料として副腎皮質ホルモン，黄体ホルモン，男性ホルモンといったステロイドホルモンがつくられる（**図7-22**）．

脂溶性ビタミン…ビタミンA，D，E，Kは構造上，脂質に分類することがある．

263-00521

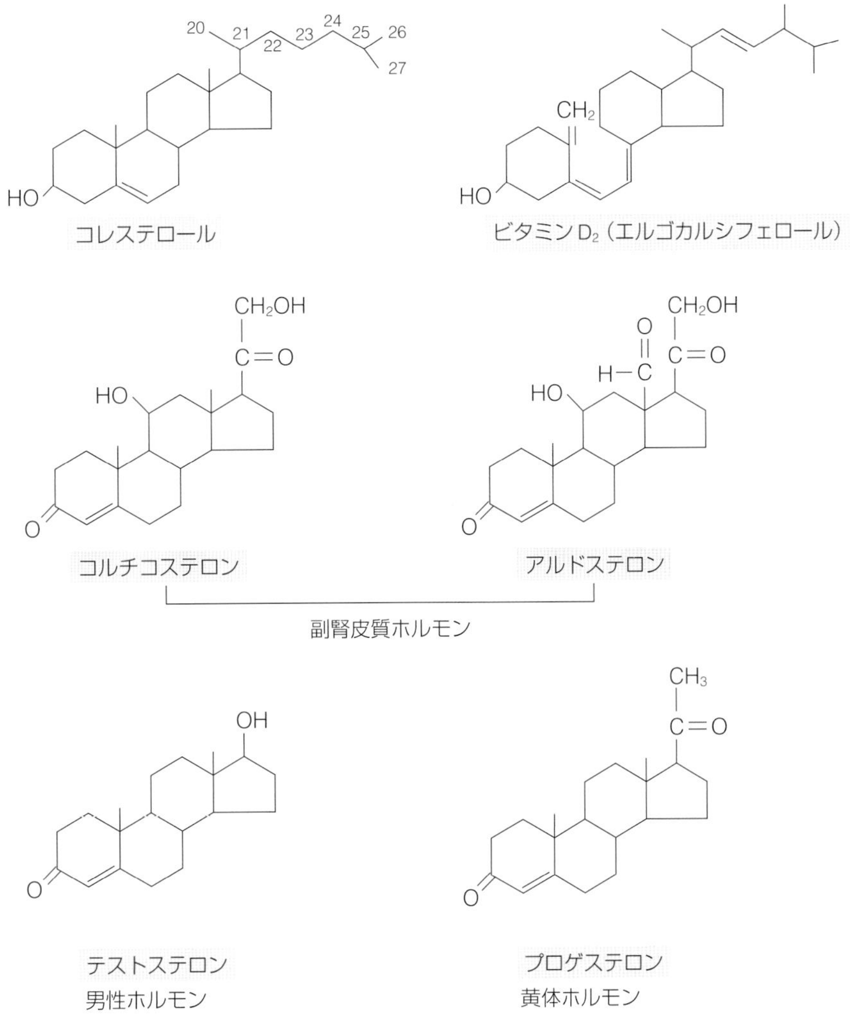

図7-22　ステロイド類の化学構造

3. 脂質の生体内での動き

　中性脂肪，コレステロールは水に不溶であるため，小腸で吸収されたものは血液中では水溶性の血液タンパク質と疎水結合を形成する．これをリポタンパク質といい，さらにこれにリン脂質などで周りを覆い，可溶化した状態で血液中を輸送される．この吸収直後の脂質を運んでいる状態のものを，カイロミクロンという．血管壁を通る途中で，徐々にリポタンパク質リパーゼの作用により分解したトリアシルグリセロールを脂肪細胞に分配し，トリアシルグリセロール含量を減らしながら肝臓まで輸送される．トリアシルグリセロール含量が減り，その分リポタンパク質の比率が増加したものは，リポタンパク質の密度によってさらに3種に分けられている．トリアシルグリセロールが多い順に，超低密度リポタンパク質（VLDL），低密度リポタンパク質（LDL），高密度リポタンパク質（HDL）と名づけられている．肝臓からはVLDLの形になって，血中で中性脂肪やコレステロールを末梢組織へ

運搬する．LDLはVLDLに比べて中性脂肪が減少し，コレステロールの比率が高いので，コレステロールを末梢組織に運搬する．一方で，リポタンパク質やリン脂質の含量の多いHDLは，末梢組織のコレステロールをエステル化して肝臓に運搬する．LDLが動脈硬化を引き起こす因子となり，HDLが動脈硬化を予防するといわれていることから，これらリポタンパク質に含まれるコレステロールを，それぞれ悪玉コレステロール，善玉コレステロールとよんでいる．

⑥　核酸と核酸関連物質

到達目標

1 塩基の種類を列挙する．
2 ヌクレオシドとヌクレオチドの違いを説明する．
3 DNA二重らせんの構造と機能を説明する．
（◆核酸関連物質を列挙する）

　核酸とは，すべての生物細胞に含まれ，生体の成長や遺伝現象やタンパク質の生合成など，細胞のもつさまざまな機能に密接に関与している，重要な高分子物質である．1869年，スイスのミーシャー（Miescher）は，細胞の核の成分を研究中，傷口から生じる膿（うみ）からPとNを含む酸性の高分子物質を見い出した．これをヌクレイン（Nuclein）と名づけた．後に1889年，アルトマン（Altmann）が核酸（Nucleic Acid）と名づけ現在の呼び名になった．タイプとしてRNAとDNAの2種の型があることが判明している．RNAには機能上次の種類がある．①DNAの遺伝情報の伝達の第一段階で，遺伝子の情報を担っているDNA断片をもとに，それを写し取る過程（転写という）でつくられるメッセンジャーRNA（mRNA），②タンパク質生産の場であるリボソームに存在するリボソームRNA（rRNA），③アミノ酸と結合して活性化し，このアミノ酸をリボソームへ運ぶ，トランスファーRNA（tRNA）．
　一方，DNAは遺伝子（gene）の本体であり，その構造の中にタンパク質のアミノ酸配列（一次構造）を決める情報をもつ．mRNAを通じてタンパク質合成を規制している．

1. ヌクレオシドとヌクレオチド（図7-23）

　核酸の構造についてであるが，核酸の基本単位をヌクレオチド（Nucleotide）という．
　このヌクレオチドが部分分解すると塩基と糖の結合物，または糖とリン酸のエステル（脱水縮合）が生じる．このことから，塩基，糖，リン酸の順に結合してできた物質であることがわかる．このうち，塩基と糖の結合した部分を，ヌクレオシド（Nucleoside）という．

263-00521

NH$_2$

塩基
ヌクレオシド

HO—P—O—CH$_2$
OH
(二重結合) ‖
O

糖

リン酸

OH   H

ヌクレオチド

ヌクレオチド ＝ ヌクレオシド ＋ リン酸，ヌクレオシド＝塩基＋糖

図 7-23　ヌクレオシドとヌクレオチド
塩基がA（アデニン）の場合のデオキシリボヌクレオシド（デオキシアデノシン）とデオキシ
リボヌクレオチド（デオキシアデノシン– 5'－リン酸）

2.　プリンとピリミジン

　RNA も DNA も主要な塩基成分として，4 種の塩基（base）を含んでいる．そ
のうち 3 種は両者に共通，1 種のみ異なっている．RNA はアデニン（Adenine, A）
グアニン（Guanine, G），シトシン（Cytosine, C），ウラシル（Uracil, U）の 4 種
である．DNA の場合は，U の代わりにチミン（Thymine, T）となっている．これ
らはさらに，構造上二つのグループに分けられる．A と G はプリン塩基（Purine），
C,U,T の三つはピリミジン塩基（Pyrimidine）に属する（**図 7-24**）．

（プリン環をもつもの）

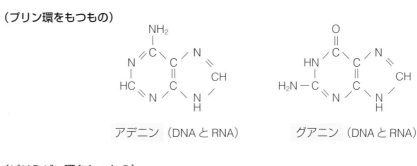

アデニン（DNA と RNA）　　　グアニン（DNA と RNA）

（ピリミジン環をもつもの）

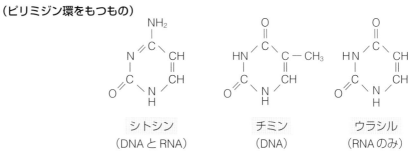

シトシン　　　　チミン　　　　ウラシル
（DNA と RNA）　　（DNA）　　　（RNA のみ）

図 7-24　五つの塩基の構造，プリン骨格，ピリミジン骨格

263-00521

　先ほどあげた塩基に，糖を付加するとヌクレオシドになる．塩基と糖が脱水縮合（この場合グリコシド結合という）していることから，語尾が ---oside という言い方になる．RNA から加水分解されてリン酸がとれて得られるものがリボヌクレオシド，DNA からのものはデオキシリボヌクレオシドという．この二つの違いは糖の種類が異なっていることである．塩基については，構造上プリンとピリミジンという二つのグループに分けられる．

　ヌクレオシドでは，プリンの場合は，塩基がアデニンの場合，RNA 由来のものはアデノシン，DNA 由来のものはデオキシアデノシンとなる．塩基がグアニンとなると，それぞれグアノシン，デオキシグアノシンとなる．ヌクレオシドの塩基がピリミジンの場合は，シトシンだとそれぞれシチジン，デオキシシチジン，ウラシルの場合は，ウリジン（これは RNA の場合しか使われない），チミンの場合は，デオキシチミジン（これは DNA の場合のみとなる）となる．以上が名前の話である．

　先に RNA と DNA は糖の構造が異なると述べたが，核酸に利用される糖は五炭糖（p.135「糖質」参照）が採用されている．O を含んだ五角形の環状構造の，O原子の二つ隣りの C 原子に結合した官能基がヒドロキシ基 OH の場合，RNA に採用されている糖であり，リボースである．このヒドロキシ基から O がとれて H だけになったものが DNA に採用されている糖であり，デオキシリボースである．つまりリボースとデオキシリボースの違いは O 原子 1 個の違いである（デオキシとは de-oxy すなわち O が 1 個とれるという意味である）．

　五炭糖の炭素には順に番号づけをしてよぶ習慣がある．環状構造の O 原子の右隣りの炭素から時計回りに 1 番（1'，1 ダッシュとよむ），2 番（2'，2 ダッシュとよむ）…と番号をつける．環構造に含まれない C 原子が 5 番目になる（5'）．すなわち RNA の 2' の位置の C に結合したヒドロキシ基から O 原子がとれた構造のものが，DNA となっている．また，ヌクレオシドの 5' の炭素部分にリン酸が脱水縮合したものがヌクレオチドである（**図 7-25**）．

3.　遺伝子の構造

　核酸は，酸という名前からも推察されるとおり，酸の性質を示す．核酸を構成するヌクレオチドの構造からみても，リン酸が結合しているので，そのリン酸から H^+ が失われて負（－）に帯電するため，核酸は酸性を示すことがわかる．

　先にあげたヌクレオチドを一つの単位として，多数のヌクレオチドが結合していくことで核酸分子ができあがっていく．この場合の結合は，手前のヌクレオチドの 3' の炭素に位置するヒドロキシ基 OH の部分に，隣りのヌクレオチドの 5' の炭素に結合しているリン酸の中の一つのヒドロキシ基との間で脱水結合して連結することで形成される．この二つのヌクレオチドが連結してできたジヌクレオチドに対して，同様にヌクレオチド結合が何千回と繰り返されると，紐のような巨大な重合体が形成されるのである．つまりここで最終的にできた巨大分子（多数のヌクレオ

（DNA に使われるヌクレオチド）

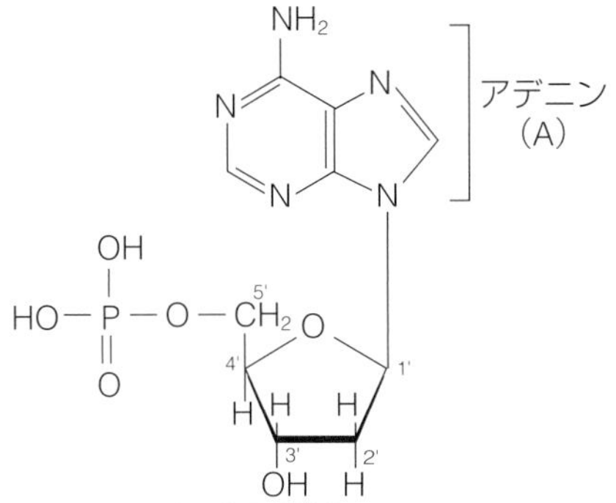

デオキシアデノシン -5'- 一リン酸（dAMP） 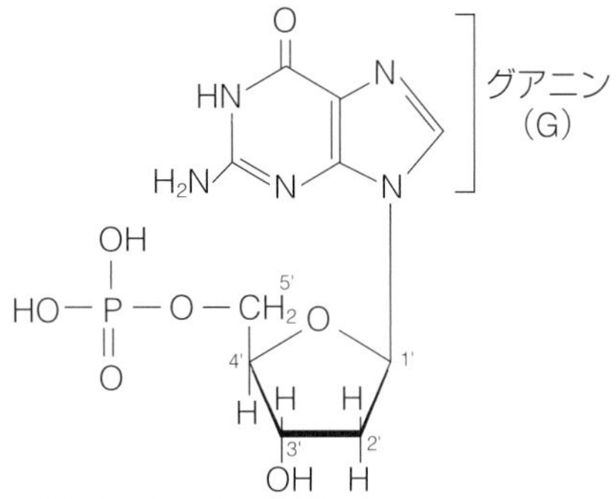　デオキシグアノシン -5'- 一リン酸（dGMP）

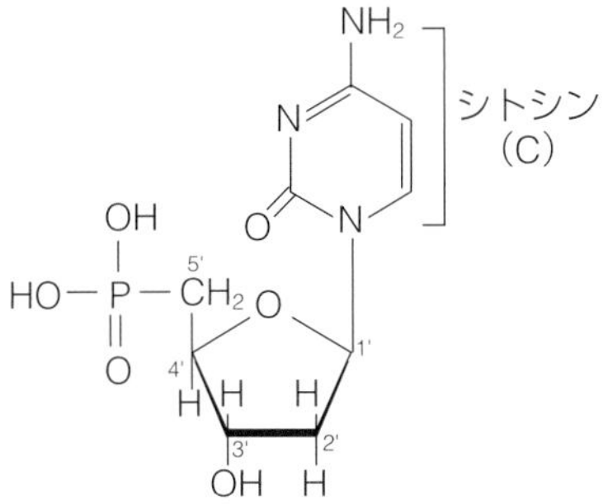

デオキシシチジン -5'- 一リン酸（dCMP） 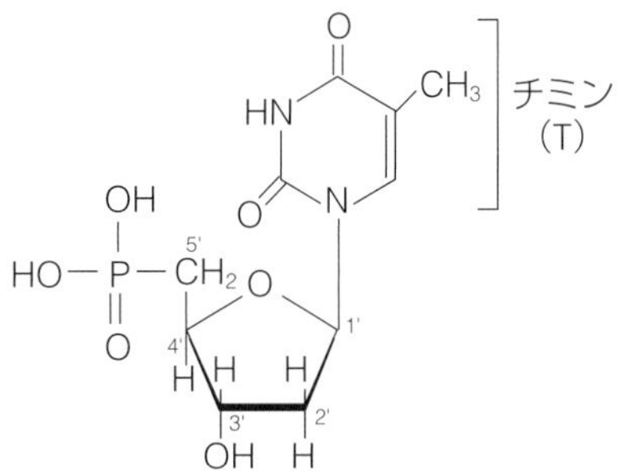　デオキシチミジン -5'- 一リン酸（dTMP）

（RNA に使われるヌクレオチド）

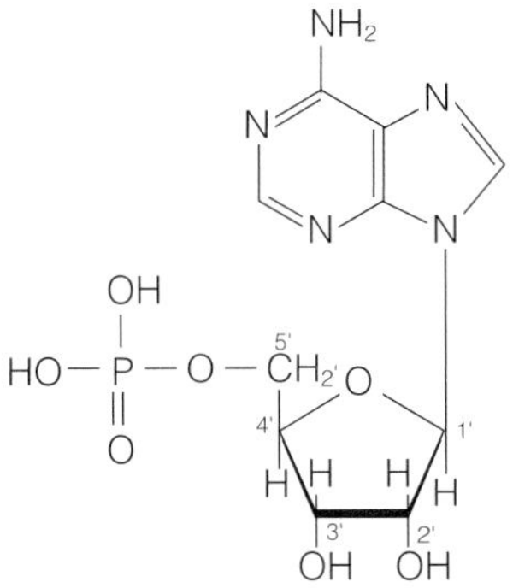

アデノシン -5'- 一リン酸（AMP） 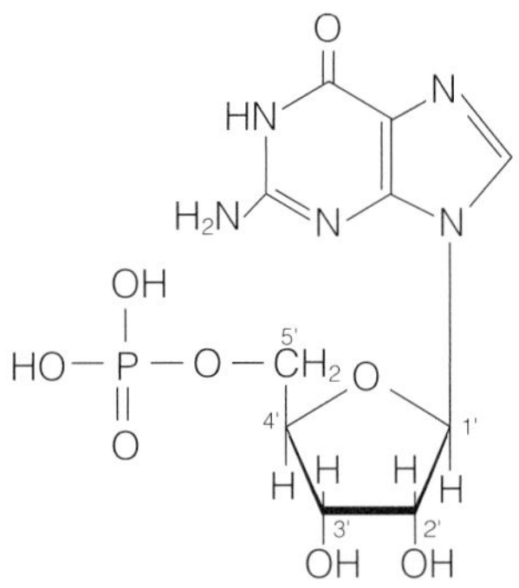　　　グアノシン -5'- 一リン酸（GMP）

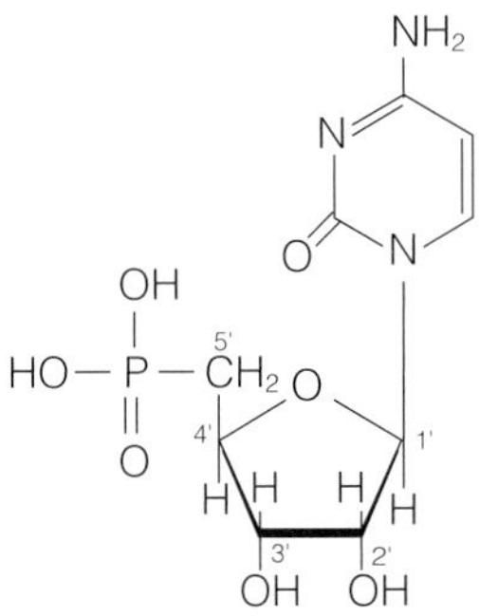

シチジン -5'- 一リン酸（CMP） 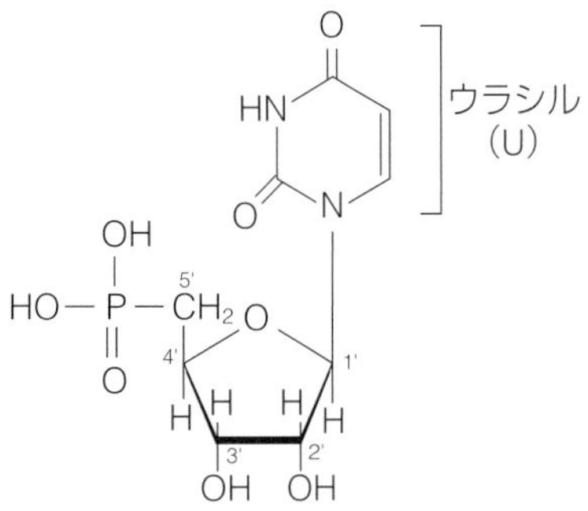　　　ウリジン -5'- 一リン酸（UMP）

図 7-25　ヌクレオチド各種の構造

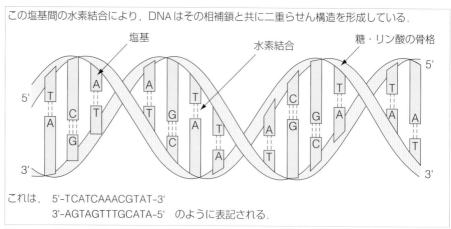

図 7-26　核酸の構造

チドが結合しているのでポリヌクレオチドとよばれる）の全体の構造をみると，5'
の位置にあるリン酸から始まり，3'の位置にあるリン酸が両端に付加した状態で
核酸分子の鎖は終わっていることになる.

　ヒトの細胞の一つひとつに含まれる DNA は，長さにして全長約 2m にもなるが，
これが 23 組，46 本の染色体に畳み込まれている．最終的に長さの合計が 20μm
にまでコンパクトにまとめられる．その構造は，1953 年にワトソン（James
Watson）とクリック（Francis Crick）によって提出された二重らせんモデルとし
て有名である．ヌクレオチド上の親水性の性質をもつ糖と，負に帯電したリン酸基
は，らせんの外側に配置する．ヌクレオチドの残りの成分である塩基は，らせんの
内側に向いており，1 本の DNA の鎖の塩基と，もう 1 本の鎖上の塩基とは互いに
水素結合するため，2 本の DNA の鎖が対になっている（図 7-26）.

　この DNA の 2 本の鎖の間にできた水素結合は，アデニンはチミンとだけ，グア
ニンはシトシンとだけしか結合をしない特殊なものである．つまり塩基対は，プリ
ン塩基に対して，ピリミジンの塩基が互いに相補して結合していることになる．こ
のように 2 本の DNA 鎖は全く同じものではないが，1 本の鎖にグアニンがあれば，
それに対して結合するもう 1 本の鎖側にはシトシンがある．このような結合を相
補的結合という.

　たとえば，AATTGGCGTCAGC という 13 個の塩基配列をもった DNA の鎖が
あったとする．この配列に対して相補的な DNA の鎖の塩基配列を考えてみる.

　アデニン（A）はチミン（T）とだけ，グアニン（G）はシトシン（C）とだけ対
をつくるので，相補的な DNA 鎖は TTAACCGCAGTCG という 13 個の塩基配列
をもつことになる（図 7-27）.

　相補鎖の組み合わせは，プリン環とピリミジン環どうしで対になるが，塩基間に
できる水素結合は，A-T 間は 2 本，G-C 間は 3 本からなる（図 7-28）.

263-00521

A A T T G G C G T C A G C
| | | | | | | | | | | | |
T T A A C C G C A G T C G

DNA2本鎖においてはアデニン（A）に対してはチミン（T）だけ，グアニン（G）に対しては
シトシン（C）だけが水素結合し，塩基対をつくる．

図 7-27　相補的な DNA 鎖

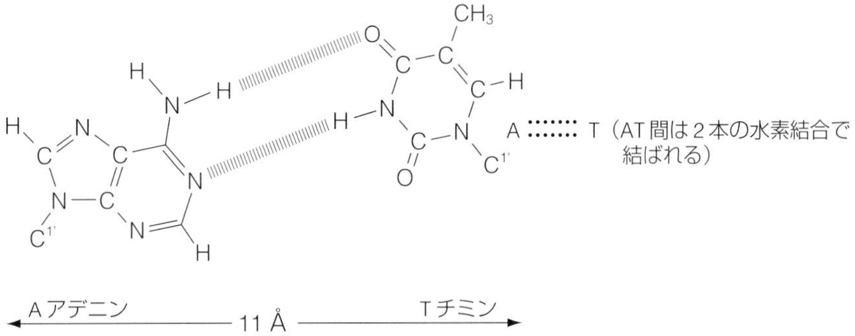

A :::::: T（AT 間は 2 本の水素結合で
結ばれる）

A アデニン　　　　　　11 Å　　　　　　T チミン

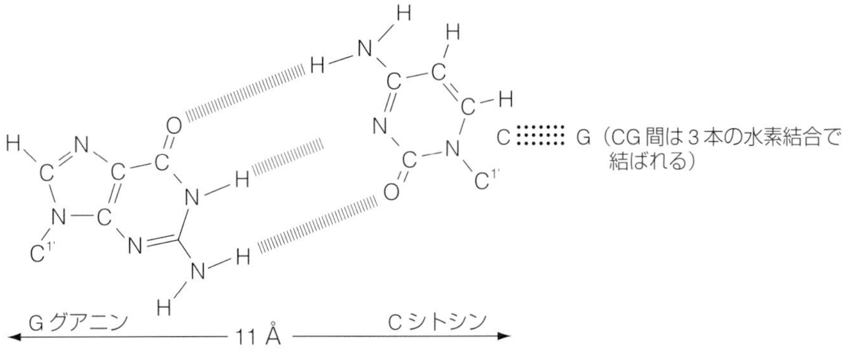

C :::::: G（CG 間は 3 本の水素結合で
結ばれる）

G グアニン　　　　　　11 Å　　　　　　C シトシン

図 7-28　相補鎖における塩基の組み合わせ

コラム

核酸関連物質

　核酸分子に使われるヌクレオチドが最も主要なものであるが，そのほかには体内にヌクレオチド関連物質というものがある．部分的にヌクレオチド構造をもつ物質として重要なものは，ATP（アデノシン -5′- 三リン酸），それより１分子だけリン酸の少ない ADP（アデ

ノシン -5′- 二リン酸）である．この二つはともに高エネルギー結合をもち，生体内における化学的エネルギー物質として知られる．生体は ATP を ADP に加水分解したときに莫大なエネルギーを生じることができる．このエネルギーをさまざまな代謝反応に用いている．

ATP → ADP ＋ 無機リン酸 ＋ 高エネルギー

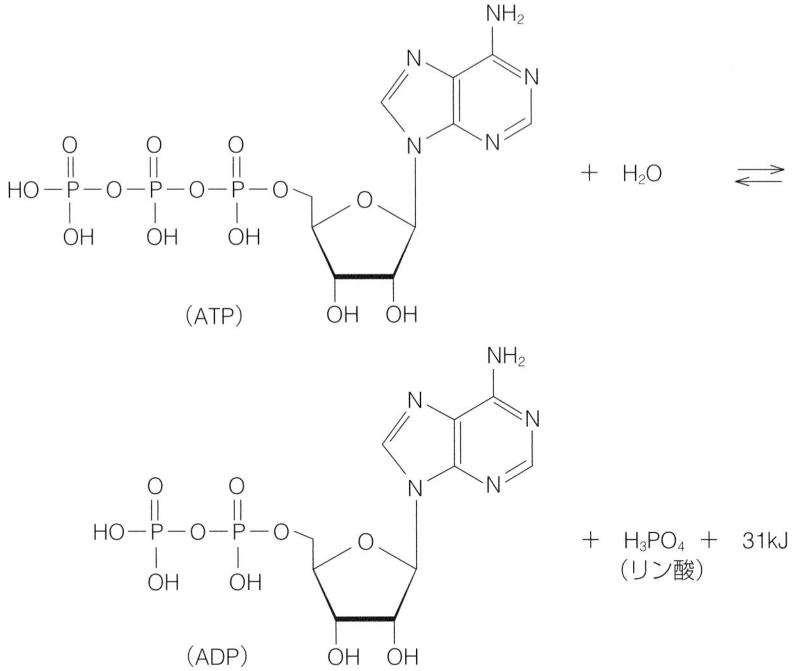

(ATP)　＋ H_2O ⇄

(ADP)　＋ H_3PO_4 ＋ 31kJ（リン酸）

ATP と ADP

　また，AMP（アデノシン一リン酸，アデニル酸）の中で，細胞内に環状構造（cyclic; サイクリック）で存在するものがある．環状アデノシン一リン酸（cAMP）は，ホルモンの情報伝達因子として知られている．さらに酸化還元酵素の補酵素として使われている

NAD^+（ニコチンアミドアデニンジヌクレオチド，酸化型），$NADP^+$（ニコチンアミドアデニンジヌクレオチドリン酸，酸化型）や，FAD（フラビンアデニンジヌクレオチド）などがある．

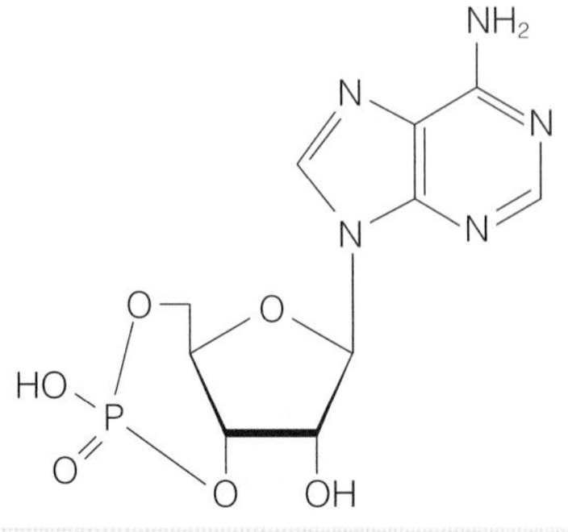

cyclic AMP（cAMP）

263-00521

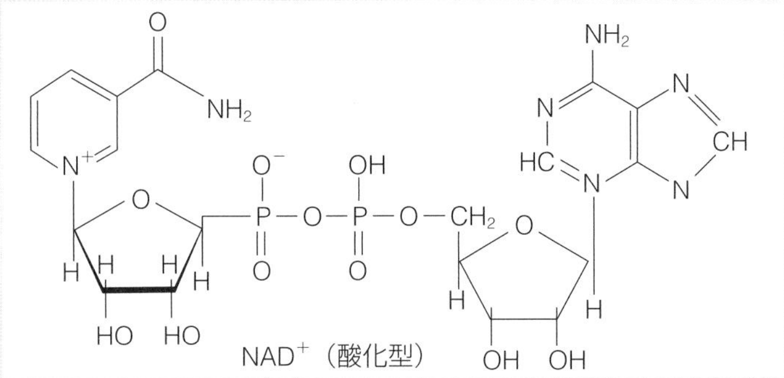

NAD⁺（酸化型）

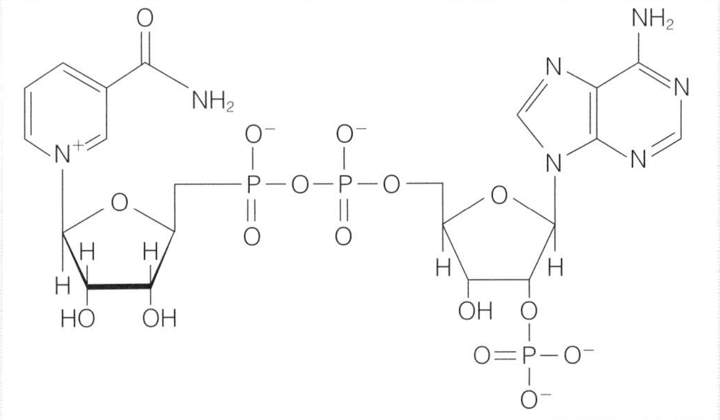

NADP⁺（酸化型）

尿酸は，尿中に排泄されるものであるが，これは核酸の分解産物である．食物に関係なく，一定の割合でつくられるものであるが，特定の食物を摂取しすぎると，食物中のヌクレオチドが尿酸に変換する．これは水に溶けにくい性質をもつので，過剰の尿酸が細胞の間隙に滞って痛風の原因となるので気をつけないといけない．

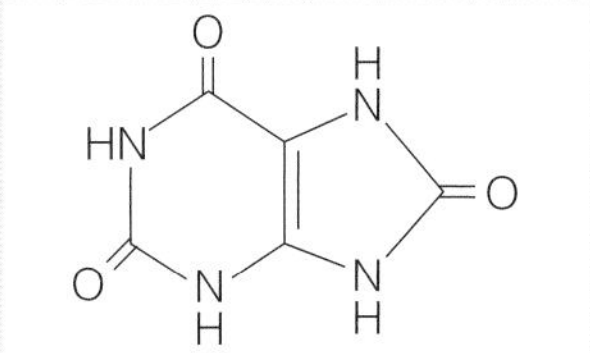

尿酸

その他，プリンヌクレオチドの生合成の過程でつくられるイノシン酸（IMP）は，肉類に多く存在し，かつお節のうま味としても知られる．また，しいたけのうま味成分は 5'-グアニル酸である．これらも核酸関連である．ヌクレオチドの構造と比較してみよう．

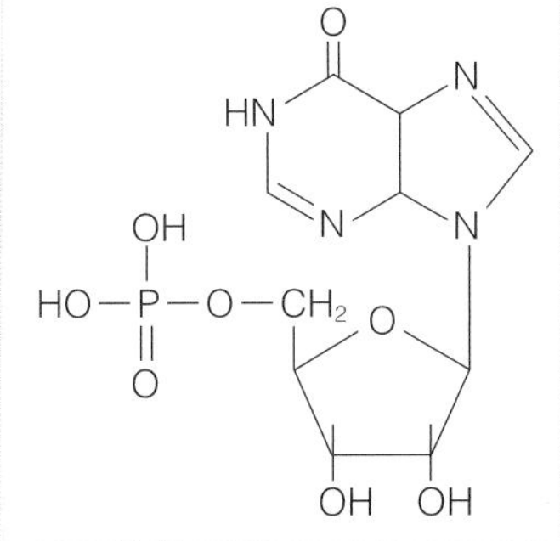

イノシン酸（IMP）

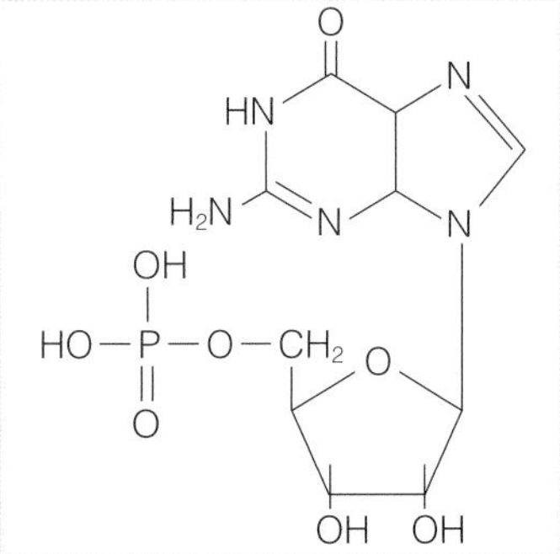

5'-グアニル酸

●章末問題 ——————————————— Exercise

(1) 水の，ヒトのからだにおける役割について説明しなさい．

(2) ヒトのからだをつくっている有機化合物の構成元素を，重量比の多いものからあげなさい．

(3) ヒトのからだを構成する主要無機元素をあげなさい．

(4) ヒトのからだに重要な微量無機元素をあげ，ヒトにおける役割を説明しなさい．

(5) 単糖類と二糖類の例をあげ，ヒトとの関係を調べなさい．

(6) グリコーゲンの構造について調べなさい．

(7) タンパク質合成に関わるアミノ酸をあげなさい．

(8) ヒトの必須アミノ酸を列挙しなさい．

(9) タンパク質の構造を種類により四段階に分けて説明しなさい．

(10) ヌクレオシドとヌクレオチドの構造上の違いを説明しなさい．

(11) ヌクレオシドに用いられる塩基をまとめなさい．

(12) 飽和脂肪酸と不飽和脂肪酸の間の，構造上の相違点は何か，それによって性質がどう変わるかを説明しなさい．

(13) 中性脂肪はどんな構造をとっているか，構造式を書きなさい．

263-00521

1・4章

1) 小島一光：基礎固め化学. 化学同人, 京都, 2003, 35.

2) H.G.Burman 著, 湊　宏訳：一般化学. 東京化学同人, 東京, 1981, 44.

3) 乾　俊成ほか：(改訂) 化学 - 物質の構造, 性質および反応 -. 化学同人, 京都, 1981, 75.

4) 伊藤俊子ほか：基礎の化学 (改訂版). 培風館, 東京, 1989, 54.

5) 高等学校検定教科書：化学 IB. 東京書籍, 東京, 2001, 48.

6) 高等学校検定教科書：化学 IB (改訂版). 啓林館, 大阪, 1997, 39.

7) 西山　寛ほか編：スタンダード歯科理工学 (改訂版). 学建書院, 東京, 2003, 269.

8) 梅本俊生ほか編：図説口腔微生物学 (改訂第 3 版). 学建書院, 東京, 2004, 298.

2・6章

9) 日本化学会編：化学便覧 - 基礎編 -. 改訂 5 版, 丸善, 2004.

10) 大学自然化学研究会：理工系基礎化学. 東京教学社, 2001.

11) 川端　潤：ビギナーズ有機化学. 化学同人, 京都, 2000.

12) 磯村計明ほか：化学教科書シリーズ - 有機化学概論 -. 丸善, 2000.

13) 小掠秀亮ほか：現代歯科薬理学. 第 3 版, 医歯薬出版, 東京, 1998.

14) 西山　寛ほか：スタンダード歯科理工学. 改訂第 3 版, 学建書院, 東京, 2005.

3・5章

15) 斎藤　毅, 野元成晃：歯科衛生士教本 - 化学 -. 医歯薬出版, 東京, 2003.

16) 早川太郎ほか：栄養指導・生化学. 医歯薬出版, 2004.

17) 化学教科書研究会編：基礎科学. 化学同人, 京都, 2001.

18) 高等学校検定教科書：新課程新化学 I. 東京, 数研出版, 2003.

20) 高等学校検定教科書：新化学 II - 新課程チャート式シリーズ -, 数研出版, 東京, 2004.

20) 高等学校検定教科書：化学 I, II. 新興出版社啓林館, 大阪, 2003.

21) 竹内敬人：ダイナミックワイド図説化学. 東京書籍, 東京, 2003.

7章

22) Mary K. Campbell :Biochemistry. Saunders College Publishing Harcourt Brace&Company,1995.

23) 鈴木孝仁監修：新課程　フォトサイエンス生物図録. 数研出版, 東京, 2005.

24) 大塚吉兵衛, 安孫子宣光：医歯薬系学生のためのビジュアル生化学・分子生物学. 日本医事新報社, 東京, 2003.

263-00521

【著者略歴】

つるぼう しげかず
鶴房　繁和
　1977 年　東北大学大学院工学研究科博士前期課程修了
　1978 年　岐阜歯科大学進学課程化学（現朝日大学）助手
　1991 年　理学博士
　1992 年　朝日大学教養部化学教室助教授
　1999 〜 2013 年　同大学歯学部化学教室教授

しば た　　きよし
柴田　　潔
　1980 年　北里大学薬学部卒業
　1987 年　日本歯科大学歯学部講師
　1989 年　薬学博士
　1995 年　同大学歯学部助教授
　2008 年　日本歯科大学生命歯学部化学教室准教授

き し　　じゅんいち
来住　準一
　1977 年　名城大学大学院薬学研究科修士課程修了
　1986 年　薬学博士
　1987 年　米国トーマスジェファーソン大学留学
　1995 年　愛知学院大学歯学部講師
　2005 〜 23 年　同大学教養部化学教室助教授（現准教授）

み うら　　ただし
三浦　　直
　1994 年　東京大学大学院農学系研究科博士課程修了
　1994 年　農学博士
　1994 年　東京歯科大学助手
　2001 年　同大学助教授（現准教授）
　2009 年　同大学口腔科学研究センター・口腔インプラント学研究部門准教授

【編者略歴】

や お　　かずひこ
矢尾　和彦
　1965 年　大阪歯科大学卒業
　1975 年　歯学博士
　1991 年　大阪歯科大学助教授 (小児歯科学講座)
　1995〜2008 年　同大学歯科衛生士専門学校校長

こうさか　　としみ
高阪　利美
　1974 年　愛知学院大学歯科衛生士学院卒業 (現愛知学院大学歯科衛生専門学校)
　1982 年　愛知学院短期大学卒業
　1993 年　愛知学院大学歯科衛生専門学校教務主任
　2006 年　愛知学院大学短期大学部准教授
　2012 年　愛知学院大学短期大学部教授
　2021 年　愛知学院大学特任教授

あい ば ち か こ
合場千佳子
　1980 年　日本歯科大学附属歯科専門学校卒業
　1997 年　明星大学人文学部卒業
　2006 年　立教大学異文化コミュニケーション研究科修士課程修了
　2011 年　愛知学院大学大学院歯学研究科博士課程修了（歯学博士）
　2012 年　日本歯科大学東京短期大学教授

※ 本書は『最新歯科衛生士教本』の内容を引き継ぎ，必要な箇所の見直しを行ったものです．

歯科衛生学シリーズ
化学　　　　　　　　　　　　　　　ISBN978-4-263-42618-0

2023 年 1 月 20 日　第 1 版第 1 刷発行
2024 年 1 月 20 日　第 1 版第 2 刷発行

監　修　一般社団法人
　　　　全国歯科衛生士
　　　　教育協議会
著　者　鶴　房　繁　和
　　　　　　　　　　ほか
発行者　白　石　泰　夫

発行所　医歯薬出版株式会社

〒113-8612　東京都文京区本駒込1-7-10
TEL.（03）5395—7638（編集）・7630（販売）
FAX.（03）5395—7639（編集）・7633（販売）
https://www.ishiyaku.co.jp/
郵便振替番号 00190-5-13816

乱丁，落丁の際はお取り替えいたします　　　　　印刷・あづま堂印刷／製本・榎本製本
© Ishiyaku Publishers, Inc., 2023. Printed in Japan

単位早見表

1 国際単位系（SI）

① SI基本単位

物理量	記号	名称
長　さ	m	メートル
質　量	kg	キログラム
時　間	s	秒
電　流	A	アンペア
熱力学温度	K	ケルビン
物理量	mol	モル
光　度	cd	カンデラ

② SI単位の接頭語

大きさ	記号	名称
10^{18}	E	エクサ
10^{15}	P	ペタ
10^{12}	T	テラ
10^{9}	G	ギガ
10^{6}	M	メガ
10^{3}	k	キロ
10^{2}	h	ヘクト
10^{1}	da	デカ
10^{-1}	d	デシ
10^{-2}	c	センチ
10^{-3}	m	ミリ
10^{-6}	μ	マイクロ
10^{-9}	n	ナノ
10^{-12}	p	ピコ
10^{-15}	f	フェムト
10^{-18}	a	アト

2 濃度の単位とギリシャ語の数詞

① 濃度の単位

％（percent, パーセント）	1/100
‰（permill, パーミル）	1/1000
ppm（parts per million, ピー・ピー・エム）	1/100万, 10^{-6}
ppb（parts per billion, ピー・ピー・ビー）	1/10億, 10^{-9}
ppt（parts per trillion, ピー・ピー・ティー）	1/1兆, 10^{-12}

② ギリシャ語の数詞

1	mono	モノ
2	di	ジ
3	tri	トリ
4	tetra	テトラ
5	penta	ペンタ
6	hexa	ヘキサ
7	hepta	ヘプタ
8	octa	オクタ
9	nona	ノナ
10	deca	デカ

3 単位の換算

①質量　　　　$1g = 10^{3}mg = 10^{6}\mu g = 10^{9}ng$

②長さ　　　　$10^{-10}m = 10^{-8}cm = 0.1nm = 1\text{Å}$（オングストローム）

　　　　　　　$1m = 10^{2}cm = 10^{3}mm$

③体積　　　　$1l = 10^{3}ml$

④圧力　　　　$1atm = 760mmHg = 101325Pa$（パスカル）

　　　　　　　$98.69 \times 10^{-6}atm = 7.501 \times 10^{-3}mmHg = 1Pa$

⑤エネルギー　$1cal$（カロリー）$= 4.184J$（ジュール）

　　　　　　　$0.2388cal = 1J$